CHANGMAOTU
GAOXIAO
YANGZHI
JISHU

U0338912

长毛兔
高效养殖技术

李典友　高本刚　编著

化学工业出版社

·北京·

图书在版编目（CIP）数据

长毛兔高效养殖技术/李典友，高本刚编著 . —北京：
化学工业出版社，2018.3

ISBN 978-7-122-31564-9

Ⅰ.①长…　Ⅱ.①李…　②高…　Ⅲ.①毛用型-兔-饲
养管理②兔-畜产品-加工　Ⅳ.①S829.1②TS251

中国版本图书馆 CIP 数据核字（2018）第 036956 号

责任编辑：邵桂林　　　　　　　　　　　文字编辑：谢蓉蓉
责任校对：宋　玮　　　　　　　　　　　装帧设计：张　辉

出版发行：化学工业出版社（北京市东城区青年湖南街 13 号　邮政编码 100011）
印　　装：大厂聚鑫印刷有限责任公司
850mm×1168mm　1/32　印张 8¾　字数 152 千字
2018 年 6 月北京第 1 版第 1 次印刷

购书咨询：010-64518888（传真：010-64519686）　售后服务：010-64518899
网　　址：http://www.cip.com.cn
凡购买本书，如有缺损质量问题，本社销售中心负责调换。

定　　价：35.00 元

前 言

　　兔是一种草食、高产、养殖周期短、经济价值高的动物，按其用途有食用、毛用和皮用之分。我国养兔历史悠久。随着我国人民生活水平的不断提高，人们的膳食结构和生活用品也发生了根本性的变化，国内外市场对兔产品的需求逐年增加；兔又是动物科学和医学实验动物，同时，兔具有消化草食粗纤维的消化生理结构，耐粗饲，饲料来源广泛，并且兔的性情温顺，适应性强，繁殖力强，饲养设备简单，饲养容易，投资少，周期短，收效快。兔产品市场十分广阔。自1954年我国兔毛进入国际市场以来，出口数量不断增加。我国成功加入WTO后，更利于我国兔产品占领国际市场。因此，养兔的经济效益很好。我国天然饲草资源丰富，因地制宜持续发展养兔业潜力很大，成为人们创业致富的一条好途径。

　　为了帮助养兔者加大长毛兔良种产业化、养殖技术工程化以及兔产品加工优质高效商品化、多样化和规模化发展，提高长毛兔产毛量，满足市场对兔产品的需求，我们长期深入大别山养兔生产基地调查研究，广泛收集和精选养兔及其产品加工的新技术和新经验，编写了《长毛兔高效养殖技术》一书。

本书较全面系统地详述了长毛兔的经济价值、形态特征和组织结构、生活习性与繁殖特性、养兔场的建造与养兔方式、兔的营养与饲料、兔的饲养管理、繁殖技术、兔的疾病防治、兔产品加工等。本书在编写过程中力求内容丰富而新颖，融传统养兔方法与现代养兔加工利用技术为一体，实用性强，通俗易懂，图文并茂，适合广大兔专业养殖户和基层兽医人员使用，亦可供相关院校动物科学专业和畜牧兽医专业教学、科研以及动物科学实验人员参考。

　　本书在编写过程中得到很多养兔场户的支持与帮助，并参考了一些相关技术资料，全书插图由淮南市谢家集区第二中学高慧老师绘制，谨致谢意！

　　由于我们的水平所限，加之调研编写时间紧迫，书中遗漏与不妥之处在所难免，恳请读者批评指正，以便再版时修改和充实完善。

编著者

2018 年 3 月

目 录

第一章　长毛兔的经济价值与养殖发展概况

一、长毛兔的经济价值

长毛兔属哺乳纲，兔形目，兔科的草食性经济动物。长毛兔的兔毛是天然蛋白纤维，具有长、松、白、净、弹性好、吸水性强和保温性能好、传热性能差等特点。兔毛可用于纺织品，不仅用于粗纺，也可用于精纺。用兔毛织成的衣料，质地轻软，保温性强，耐用。由于兔毛抗酸能力强，可用酸性染料染兔毛，制成多色美观的高档毛纺原料。兔毛的枪毛可加工制成毛笔。长毛兔的皮绒浓密、质地轻柔，是制裘的好材料。兔肉细嫩、味美香浓，久食不厌，且易于消化。尤其是兔肉的营养丰富，是一种高蛋白、低脂肪、低胆固醇、抗细胞衰老的保健肉品。据测定，兔肉的蛋白质含量平均为 24.25%，比猪肉、羊肉高 1 倍，比牛肉高 18.7%，比鸡肉高 33%；脂肪含量为 3.8%，为猪肉的 1/16，羊肉的 1/7，牛肉的 1/5；每 100 克兔肉的胆固醇含量为 60～80 毫升，也低于其他肉类食品。兔肉中富含卵磷脂，有保护血管、防止动脉硬化的作用。兔肉中含有多种维生素，其中 B 族维生素含量居肉类食品之冠，还含有 18 种人体必需的氨基酸，尤其是赖氨酸、色氨酸、烟酸、磷脂、矿物质等含量高。可见兔肉有较高的营养价值。有人称兔肉是抗细胞衰老的保健食品。此外，兔肉及其内脏亦可入药，《本草纲目》记载，"兔肉辛平，无毒，补中益气，主治热气湿痹，止渴健脾。"所以民谚有"飞禽莫如鸪，走兽莫如兔"的说法。兔的内脏是制药工业原料，又是养貂、貉、狐等肉食毛皮动物的动物性饲料。

此外，兔粪中所含的氮、磷、钾成分比其他家畜粪高，为一种优质有机肥。通常 1 只成年兔每年可积肥 100 千克，10 只成年兔的积肥量相当于 1 头猪的积肥量，长期施用兔粪肥能改良土壤，促进农作物生长，并且增长效果显著。

在发展长毛兔养殖业方面，我国具有得天独厚的优越条件——饲草、饲料和劳动资源富足。由于长毛兔产品在国内外市场的需求量越来越大，所以必须提高我国的整体长毛兔生产水平，发挥规模化生产效益。

二、 发展长毛兔养殖业的前景广阔

我国养兔历史悠久，远在先秦时代就开始养兔。我国人民长期饲养家兔，积累了丰富的经验。兔是典型高效节粮草食经济动物，长毛兔不仅全身都是宝，而且生长快，繁殖力强；长毛兔以吃野草、青菜等青绿饲料为主，饲料来源广泛；所需的饲养设施和设备比较简单，投资少，成本低，适宜规模化养殖和家庭养殖。自1954年和1959年我国兔毛和冻肉先后进入国际市场以来，出口数量与日俱增，随着经济的发展和人们生活水平的提高，兔毛与冻肉已是一种稀缺商品，长毛兔绒皮也是供不应求。我国加入WTO后，长毛兔产品市场十分广阔，更有利于产品进一步占领国际市场，从而确保了养兔业的可靠利润，促进了我国养兔业迅速发展。我国自然条件优越，牧草和饲料丰裕，发展长毛兔产业潜力很大，但是由于受长毛兔良种引进、程序化防疫和长毛兔加工企业建设等方面的制约，我国在毛用兔养殖与兔产品加工方面与德国、法国、意大利、英国、荷兰等生产技术比较先进的国家还存在一定差距。为了满足国内外市场对良种和兔产品的需求，我国需要实施形成良种产业化的研究，通过品系育种和品系杂交方法提高长毛兔的生长速度、繁殖力和产毛量，加强长毛兔产品加工业和兔产品商业化市场开发力度及集约化的经营。这是发展长毛兔养殖业、提高养兔产业经济效益的有效途径。

第二章 家兔形态结构和生理功能概述

一、 家兔的形态结构

家兔的整个身体可以分成头、颈、躯干、尾和四肢等部分（图 2-1）。

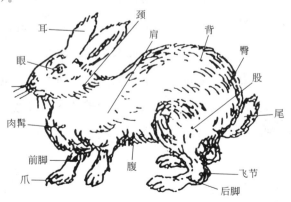

图 2-1 家兔各部位名称

1. 头

家兔的头较长，可分为颜面区（眼以前）及脑颅区，颜面区所占比例较大，约占头长的三分之二；口较小，围以肌肉质的上唇和下唇，上唇中央有纵裂（俗称豁口或兔唇）；门齿外露，口边有长而硬的触须，此须有触觉作用；鼻孔大；眼球很大，近圆形，位于头部两侧，眼睛有各种不同的颜色，这是由虹膜内色素细胞所决定的，为品种特征之一。例如白色家兔眼睛的虹膜内缺乏色素，血管内血色透露，所以眼睛看上去是红色的。家兔的眼有上眼睑、下眼睑及退化的瞬膜（第三眼睑），眼睑的游离缘生有睫毛。家兔的耳廓长大，其长度甚至超过头长；耳肌发达，可自由转动收集不同方向的声波，此外还可调节自身体温；耳廓内部的外耳道直通鼓膜。兔耳的形状、长度和薄厚也是品种特征之一。

2. 颈

兔颈短，肌肉发达，一般大中型兔颈下具有肉髯。

3. 躯干

兔躯干长，微弯呈弓形。不同品种、不同性别、不同年龄的家兔体形各不相同，这是一种遗传性状。兔的躯干分为胸部、腹部和背部。家兔胸部较小，腹部远大于胸部，这都和兔的草食性有关。雌兔腹部一般有3～6对（4对居多）乳头

（幼兔和雄兔不明显），背部有明显的腰弯曲。

4. 尾

兔尾短，尾根下方为肛门。公兔肛门前方有阴茎，阴茎是公兔交配器官。成年公兔阴茎两侧有阴囊，内藏睾丸。母兔的尿生殖孔开口于肛门下方的阴道前庭，呈宽缝状。

5. 四肢

家兔前肢较短弱，由肩带、上臂、前臂和前脚四部分组成。前脚五趾，各趾端有爪。后肢长而有力，由腰带、大腿、小腿及后脚四部分组成。后脚四趾（第一趾退化），各趾端具爪。兔的四肢结构与兔陆上跳跃与行走的快速运动有关。

二、 家兔的生理功能

家兔的身体具有一定的结构，内有许多器官相互联系，互相制约，具有不同的生理机能。兔体作为一个完整的统一体，使兔在外界环境下能正常生活、生长发育和繁殖，兔的不同器官具有不同的生理结构并执行不同的生理机能。兔体器官可构成许多系统，包括被皮系统、运动系统、消化系统、呼吸系统、循环系统、泌尿系统、生殖系统和神经系统等，现分述如下。

（一） 被皮系统

兔的被皮系统由皮肤和毛组成。

1. 皮肤

兔皮肤厚度为 1.2～1.5 毫米，覆盖兔体表面，具有保护身体、被毛、保持体温、散热、分泌（皮脂腺和乳腺）、储藏皮下脂肪养料和排泄（汗腺很不发达）等机能。皮肤由表皮、真皮和皮下组织构成。

（1）表皮　表皮是皮肤的最外层，由复层扁平上皮构成，很薄，可分为角质层、透明层、颗粒层、生发层共 4 层。

（2）真皮　位于表皮下面，是一种厚而致密的结缔组织，在构造上是由化学组成彼此不相同的胶原纤维、弹性纤维、网络纤维所构成。家兔皮肤组织构造上的真皮层很发达，可分为乳头层和网状层。乳头层在真皮的浅层，形成许多乳头状的隆起与表皮生发层相嵌合。乳头层内含有丰富的神经末梢和毛细血管，具有感受外界刺激和供应表皮细胞营养的作用。网状层在真皮的深层，这层的皮纤维和纤维束比乳头层粗大，编织紧密如网。

（3）皮下组织　位于真皮网状层之下，由疏松的结缔组织构成，为皮肤与肌肉之间的联系组织，内有较大的血管和神经。兔皮下组织没有积蓄形成厚的皮下脂肪层。

兔皮上还有一些供兔毛营养和保护的器官。如毛乳头是供给毛球营养和对兔毛生长起神经调节作用的重要器官，它与毛球相连，由结缔组织构成。毛鞘是由数层表皮细胞构成的圆管，它包围着毛根，分外毛根鞘与内毛根鞘。外毛根鞘是由表皮细胞构成，并进入毛囊深处的表皮延续部分。毛囊是表皮凹入真皮内所形成的凹陷，毛根即位于其中。毛的发生和形成都在毛囊内进行。家兔的毛囊深入真皮上部的1/3或1/2处，由内、外两层构成。外层的毛袋是结缔组织的组成部分，由胶原纤维和弹性纤维构成；内层是毛根鞘，由表皮细胞构成，在毛囊最下部。真皮凸入毛囊形成毛乳头。兔皮脂腺遍布兔的全身，位于毛鞘两侧，开口于毛鞘，分泌的皮脂少，因而兔毛含脂率很低。家兔汗腺不发达，只有唇边及腹股沟部（鼠蹊部）有。竖毛肌分布于皮肤内层，为一种很小的肌纤维，一端固定于皮脂腺下方的毛鞘上，另一端和表皮相连。竖毛肌的收缩与松弛起着调节汗腺分泌和血液、淋巴液循环的作用。当这种肌肉收缩时可使毛囊竖立，从而使皮上面的毛干竖立起来。

2. 被毛

兔被毛由表皮角质化细胞构成。家兔的被毛浓密，覆盖在体表，使家兔有很强的耐寒能力。家兔的体色各异，这是一种遗传性状，可作为识别家兔品种的主要特征。兔毛主要由毛干、毛根和毛球构成。毛干是露在皮肤外部的部分；毛根埋在皮肤深处的毛囊里；兔毛纤维基部膨大部分包围着毛球头，毛球是兔毛纤维的生长点，由于毛球中的细胞不断增殖，毛纤维连续生长。

长毛兔的产毛最适年龄是 1.5～3 岁，以后的产毛量就逐渐下降。因此，兔群的主体年龄应是 1.5～3 岁。家兔毛在春秋季节更换，称为换毛。家兔毛脱换的形式主要有年龄性换毛（对幼兔而言）、季节性换毛、不定期换毛和病理性换毛。

① 年龄性换毛：仔兔出生 1 周后绒毛长满，1 月龄后乳毛长成并换毛，70 天～4 月龄第 2 次换毛，持续 2 个月。

② 季节性换毛：随着气候的变化，成年兔在 3～4 月时脱掉冬毛换夏毛，称春季换毛；9～10 月时脱掉夏毛换冬毛，称秋换毛。

③ 分娩前脱毛：母兔临产前精神不好，少吃喝，嘴啃腹部，拉毛垫窝，这是母性本能。拉毛还可刺激皮肤，促进乳腺活动。兔子正常换毛时，生理功能的变化即皮肤营养和代谢方面的变化，使皮肤柔软湿润，真皮层血液循环加快，供血量增加，以促进细毛的增生，加快新毛生长，形成被毛。对换毛兔要加强营养。饲养管理不良，如长期喂给单一的精饲料和青饲料、兔笼狭窄、卫生管理不好而引起脱毛与老弱病兔，对商品价值有很大的影响。

（二）运动系统

家兔的运动系统包括骨骼和肌肉两部分。

1. 家兔的骨骼

家兔的骨骼共有 212 块（听骨和籽骨除外），可分为中轴骨和附肢骨两大部分。中轴骨包括头骨、脊柱、肋骨和胸骨；在活体内骨骼不但支撑身体各部分保持一定的体形，保护内部柔软的器官，如脑、心、肺等，而且在运动中起着杠杆的作用，以关节为枢纽、肌肉的收缩为动力共同完成各种复杂的动作。骨骼中的红骨髓具有造血功能。

（1）头骨　家兔的头部骨块多为板状扁骨，内有骨腔，容纳支持和保护脑。头骨由10块骨组成颅骨和面骨两部分，兔脑不发达，骨腔小，眼眶大，骨缝愈合较差。颅骨骨片包括枕骨、蝶骨、筛骨及顶间骨各一块，顶骨、额骨及颞骨各2块。面骨部分较长，面骨骨片包括上颌骨、前颌骨、鼻骨、颧骨、泪骨、腭骨、下颌骨和鼻甲骨各2块，锄骨、舌骨各1块。

（2）脊柱　脊柱由46枚椎骨（其中颈椎7枚，胸椎12枚，腰椎7枚，荐椎4枚，尾椎16枚）组成，呈链状，位于兔体正中央。兔的脊柱弯曲度大，全长有4个弯曲：头颈弯曲（不明显），颈胸弯曲，腰部弯曲（最为明显），荐尾弯曲。同时椎体为双平型，即椎体两端扁平，相邻两椎体间有1层软骨垫的椎间盘，其功能是减少脊椎骨活动的摩擦。脊椎骨由韧带相连构成脊柱。脊柱前下方形成笼状不发达的胸廓。

（3）胸骨　位于胸前壁中央的一块骨片，兔胸骨共有6节，第1节为胸柄骨，第2节～第5节为胸骨体，最后1节为剑突，剑突后面接一块宽而扁的软骨，称为剑状软骨。

（4）肋骨　兔的肋骨有 12 对（偶有 13 对）。前 7 对分别直接与胸骨相连，称为真肋；后 5 对（偶有 6 对）不与胸骨直接相连，称为假肋。最后 3 对肋骨的软肋末端游离，称为浮肋。

（5）四肢骨　前肢分为上肩带臂骨、前臂骨和前脚骨，兔前肢骨短。后肢骨分为腰带大腿骨、小腿骨和后脚骨，后肢骨较长且结实，上段与荐椎融合成牢固的骨盆，有利于跳跃运动。

2. 家兔的肌肉

家兔全身肌肉有 500 多块，在正常体况下可占体重的 35％左右，兔的肌肉分为头部肌、躯干肌、前肢肌和后肢肌等。兔的头部肌系、胸部肌系和前肢肌系都不发达，而腰部肌系和后肢肌系相对发达。躯干肌肉附着于骨骼上。有横纹且能随意运动的肌肉称为横纹肌，又称骨骼肌或随意肌。横纹肌是构成肌肉系统的主体，一般呈纺锤形，也有薄片状或扁形的肌肉。此外还有构成心脏的心肌和构成胃肠血管等内脏器官壁的肌肉，称为平滑肌。

（三）消化系统

家兔消化系统包括消化管和消化腺两部分。消化管较长，由口腔、咽、食管、胃、小肠、大肠、盲肠、结肠和肛门组成。它受神经系统调节并与内分泌系统密切联系。消化腺（能分泌消化液）包括唾液腺、胃腺、胰腺和肠腺等。消化管和消化腺共同完成食物的消化、营养的吸收及转化，并将消化后剩余的残渣排出体外。

（1）口腔　　口腔由唇、颊、腭、齿、舌和唾液腺组成。家兔上唇正中线有纵裂缝，形成豁嘴（称唇裂），活动自由，门齿外露利于采食接近地面的小草。成年兔齿共28枚，包括门齿6枚，齿前臼齿10枚，臼齿12枚，无犬齿。食物在口腔经过咀嚼与唾液混合形成初步得到消化的食团。

（2）咽和食管　　口腔软腭之后为咽，咽腔是食物进入食管和空气进入气管的共同通道。吞咽的食物经咽入食管，有伸张性的细长食管一直通到胃，而空气则经咽喉入气管及肺。在喉门外盖有一个三角形的软骨小片，称会厌软骨，当吞咽食物时，会厌软骨即盖住喉防止食物误入气管。

（3）胃和肠　　胃是消化管中最膨大的囊袋器官，它具有消化食团的作用。兔胃属于单食胃，分为胃底部、贲门部和幽门部。胃的内壁胃黏膜有大量胃腺，能分泌含盐酸和胃蛋白酶原的胃液，与食团掺和后，初步分解蛋白质和少量脂肪。兔子肠管细长而盘曲，由于兔为草食性动物，肠管更为发达。成年兔肠管长约5米，大约为体长的12倍。肠可分为小肠（包括十二指肠、空肠、回肠）和大肠（包括盲肠、结肠、直肠）。食物经胃消化后进入小肠，食糜在小肠内受到肠液、胰液和胆汁三种消化液的作用，进一步被全面消化分解成各种营养物质，由小肠肠壁吸收。剩下不消化的纤维进入大肠，进一步由微生物来分解。家兔盲肠长 50～60 厘米，近于体长，且粗大，呈袋状；后端逐渐变狭，其末端处形成一个盲端。盲肠里有大量的细菌微生物，主要功能是使草料的纤维素发酵和分解，利于消化和吸收，其糟粕在结肠后段和直肠内形成粪便，由肛门排出体外。

（4）肝脏和胰腺　肝脏是兔体内最大的腺体，约占体重的3％，呈红褐色，位于腹腔前部。兔肝脏分叶共分 6 叶，即左中叶、左外叶、右中叶、右外叶、尾状叶和方形叶。肝脏除分泌胆汁参加消化外，还具有调节血糖、储藏血糖、肝糖形成尿素、中和有毒物质和储存血液等机能。兔的胰脏散在十二指肠间肠系膜上，兔胰脏只有 1 条胰管开口于十二指肠，胰腺分泌的胰液中含胰蛋白酶、胰脂肪酶和胰淀粉酶，参与小肠里的化学消化过程。胰腺除分泌消化液外，还产生激素，有调节糖代谢等作用。

（四）呼吸系统

呼吸系统具有吸进新鲜氧气、呼出二氧化碳的作用。兔的呼吸系统由鼻腔、咽、喉、气管、支气管和肺组成。鼻腔是感受嗅觉的部位，也是空气入肺的起始部位。鼻腔的黏膜富于血管，并有腺体及纤毛。当空气通过鼻腔时，鼻腔可使空气变得温暖、湿润并除去空气中的杂质，从而减少对肺部的刺激。鼻腔的后面为咽部，是食物与空气共同经过的地方。喉头位于咽的后部，是由不同形状的软骨构成的支架。在吞咽时，会厌软骨盖住喉门，可以防止食物落入气管内。喉腔的两侧有膜状的声带，它是发声的器官。喉以下是气管，通入胸腔后，气管再分成左右两根支气管，分别入左右两肺。气管和支气管黏膜，平时分泌少量黏液，润滑黏膜。兔肺由肺泡、肺泡管、毛细支气管组成，位于胸腔内。兔肺共 1 对，海绵质地，柔软有弹性，分左右两肺，由纵膈分开，左肺较小，右肺较大。这是和心包偏左相关的。兔肺的表面被覆一层光滑的浆膜，称为肺胸膜，把肺分成小叶。肺泡是形成肺的基本功能单位。

肺是呼吸系统中最主要的器官，是血液中气体和外界空气相互交换的场所。其他各部位都是肺与空气之间气体出入的通路，统称为呼吸道。兔的呼吸动作是依靠胸腔的扩张与收缩实现的。胸腔的扩张与收缩，一方面依靠肋骨位置的变换，另一方面也有赖于横膈的升降。通常胸腔的扩张是由于横膈肌的收缩，一方面使肋骨上提，另一方面使腹壁压迫内脏而上提，协同作用的结果是肺网扩大而吸气；胸腔的收缩则是由于横膈肌松弛，腹部内脏复位，使胸腔缩小，压迫肺部排气。兔子的呼吸频率，成年兔在平静时每分钟大为 20～40 次，幼兔为 40～

60 次，并且因气候而变化。

（五） 循环系统

血液循环系统包括血液循环和淋巴循环两部分。血液循环系统是由血液、心脏、血管和造血器官组成的闭式管道。淋巴循环系统由淋巴组织和淋巴管组成。循环系统在兔体新陈代谢中起着重要作用，同时还能散热并产生抗体。兔的新陈代谢旺盛，代谢水平较高。兔的正常体温为 38.5～40℃。

1. 血液循环系统

（1）心脏　兔的心脏为一中空的肌性器官，位于背侧的胸腔前部，纵膈的中间，夹在肝脏的两叶之间，由韧带与胸椎相连。心脏由心肌组成，内有四个腔，分别称为左、右心房和左、右心室。同侧的房室相通。左房室口有 2 片尖瓣，右房室口有 1 片肌肉瓣。两心室分别与主动脉和肺动脉相通，在两动脉口上有 3 片袋形的半月瓣。这些瓣膜在心脏搏动时能防止血液倒流。心脏外面包裹着一个薄的浆膜囊，称为心包，内含少量心包液，有减少摩擦的作用。心脏的搏动具有节律性，兔的心跳频率每分钟 80～90 次，如在惊恐和剧烈运动时，则心率大大加快，为 120～160 次。依靠心脏的收缩与舒张活动产生的压力，推动血液与淋巴循环。血液沿动脉、静脉，以及它们的毛细血管网面循环全身。血液中部分液体成分渗出弥散于组织细胞间，形成组织液。氧气、营养物质和废物都通过毛细血管在组织之间进行交换。兔的全血量占体重的 5.45％。

（2）血管　包括体循环的动、静脉血管和肺循环的动、静脉血管。体循环的血液从左心室流出，通过主动脉，到达身体各部分的毛细血管，最后经前后腔静脉，回到右心房。在这一循环过程中，血液的成分由多氧血转换成缺氧血。血液肺循环的血液由右心室流出，通过肺动脉入肺，分散于毛细血管，进行气体交换后，再由肺静脉回到左心房。肺循环把含二氧化碳较多的缺氧血转换成含氧较多的多氧血。

（3）造血器官　主要有红骨髓和脾脏。红骨髓位于骨髓腔和骨松质内，其中的网状组织具有造血机能，能产生红细胞、血小板和嗜中性白细胞、嗜酸性白细胞、嗜碱性白细胞。脾脏位于胃大弯的左侧，狭长，深红色，能产生淋巴细胞和巨噬细胞，并有滤血、储血的作用。

2. 淋巴循环

淋巴组织主要是淋巴结。淋巴结位于淋巴管的通路上，大小、形状不定，一般大小为 2～5 毫米，圆形或椭圆形，呈灰黄色或稍带粉红色，通常有数个群集在身体上一定的部位。重要而恒定的淋巴结群分布于颈部、腋部、腹部、腹股沟部等部位。淋巴结能产生浆细胞和淋巴细胞，参与免疫反应，具有过滤和消灭微生物、细菌的作用。所以淋巴系统是体内的重要防御器官。淋巴管是输送淋巴液的管道，分布于全身（仅牙齿、表皮、脑等处无淋巴管）。淋巴管可分为毛细淋巴管、集合淋巴管和淋巴导管。淋巴管内含有一种无色的液体，称为淋巴。

（六）泌尿系统

兔的泌尿系统（排泄系统）包括肾脏、输尿管、膀胱和尿道4部分，泌尿系统的作用是排泄代谢废物、维持机体正常的新陈代谢。

（1）肾脏 家兔的肾脏左右各1个，呈卵圆形，色暗红而质脆，位于腰部腹膜下紧贴在脊柱两侧。右肾靠前，位于末肋和前一、二腰椎横突的腹面；左肾靠后，而且靠外些，位于第二、三、四腰椎横突的腹面。纵剖肾脏，可见肾分为两层，外面一层颜色较淡，叫皮质，里面一层为红褐色，叫髓质。中部可见漏斗状肾盂。肾脏的实质由许多泌尿的肾单位和排尿的集合小管组成。肾单位是泌尿的基本单位，由肾小体和肾小管组成。肾脏是生成尿的地方，尿的生成可分为两个阶段：第一阶段是当肾动脉里的血液流经肾小体时，滤出一部分液体，形成原尿；第二阶段，原尿流经肾小管时，其中有用的物质重新吸收入血液，剩下多余的水分和废物（如尿素、尿酸等）一起从肾小管排出，形成终尿，经集合小管而流入肾盂。

（2）输尿管 输尿管是1对长的白色肌膜性管道，起于肾盂，离开肾门向后方斜行，延伸开口于膀胱基部背侧。

（3）膀胱　膀胱是一个梨形肌质囊，位于腹腔后部靠腹面，是暂时储存尿液的地方。公兔的膀胱是在直肠的腹侧，母兔的则在子宫的腹侧。

（4）尿道　尿道是从膀胱向外排出尿的管道。公兔尿道开口于阴茎头，既用于排尿也用于排精液。母兔尿道仅是排尿液的通道，开口于阴道前庭的腹侧壁上，最后以泄殖孔开口体外。

（七）　生殖系统

生殖系统的作用是繁殖后代使兔的种群得到发展和延续。兔的生殖系统生理结构因性别不同而不同。

1. 公兔的生殖系统

公兔的生殖系统由睾丸、附睾、输精管、副性腺及阴茎组成。

（1）睾丸（精巢）　睾丸（精巢）左右各一个，呈卵圆形。睾丸内部有大量的曲精细管，是产生精子的地方。曲精细管间有间质细胞，能分泌雄性激素。睾丸的位置因年龄而异。在胚胎时期，睾丸位于腹腔内；1～2 月龄的幼兔，睾丸下降到腹股沟管内；两个半月龄以上的公兔已显出阴囊；成年兔的睾丸基本上是在阴囊内。

（2）附睾　兔的附睾很发达，由许多弯曲旋回的细管组成，可分为附睾头、附睾体、附睾尾三部分。它是运输和暂时储存精子的地方，能分泌一种浓稠黏性的物质，作为精子的营养。

（3）输精管　输精管是精子排出的管道，呈弯曲的细管状，左右各1条。从附睾尾起始，经腹股沟管进入腹腔、骨盆腔内通入尿生殖道起始部。

（4）副性腺　兔的副性腺，主要有精囊腺、前列腺、旁前列腺和尿道球腺四种。它主要分泌具有丰富营养物质的液体，一方面为精子提供营养，另一方面又为精子运动提供有利条件。

（5）阴茎　兔的阴茎是交配器官。兔的阴茎在静息状态时约长25毫米，勃起时全长达40～50毫米，呈圆柱状，前端游离部稍有弯曲。兔的阴茎在静息状态时向后方伸到肛门附近，同时阴茎前端没有形成膨大的龟头，这是兔阴茎的特点。

2. 母兔的生殖系统

母兔的生殖系统，包括卵巢、输卵管、子宫、阴道和外生殖器。

（1）卵巢　卵巢左右各一个，呈卵圆形，颜色淡红。幼兔卵巢表面平滑，体积较小；成年兔卵巢增大，长1～1.7厘米，宽0.3～0.8厘米，重0.3～0.5克。卵巢表面有透明小圆泡突出，形似桑葚，即为成熟卵泡。怀孕母兔的卵巢表面有时可见暗黄色小丘，称为黄体。兔的卵巢是产生卵子和雌性激素的地方，位于腹腔内肾脏后方，以短卵巢系膜悬于第五腰椎横突附近的体壁上。

（2）输卵管　输卵管左右各 1 条，是卵子通过及受精的管道，其前端为喇叭口，开口朝向卵巢。兔子输卵管全长 9～15 厘米，后端接子宫。

（3）子宫　兔有 1 对子宫，双子宫类型，左右子宫全程分离，前接输卵管，后以子宫开口于单一的阴道。兔子宫是胚胎生长发育的器官。

（4）阴道　兔子阴道位于直肠的腹侧、膀胱的背侧，紧接在子宫的后面，长达 7.5～8 厘米，可分为固有阴道和阴道前庭两部分。阴道前庭以阴门开口于体外。外阴部包括阴门、阴唇及阴蒂等。兔阴蒂具有特别丰富的感觉神经末梢。

（八）内分泌系统

兔的内分泌系统由一些没有导管的腺体组成。主要有以下内分泌腺体：

（1）垂体

垂体位于间脑腹面、蝶骨背面的小陷窝内。可分为前叶和后叶两部分，前叶称为线垂体，后叶称为神经垂体。脑下垂体是兔体内最重要的内分泌腺，它能分泌多种激素，如垂体前叶分泌生长激素、促性腺激素、催乳素、促甲状腺素、促肾上腺皮质激素等，垂体后叶分泌加压素、催产素等。

（2）甲状腺

兔甲状腺分为左右两侧叶，中间由峡部相连。整个腺体呈蝴蝶形，暗红色。雌兔甲状腺比雄兔大。兔的甲状腺位于气管腹侧前端，紧贴甲状腺软骨，向后延至第九气管软骨环。甲状腺分泌的甲状腺激素主要作用是促进兔体的新陈代谢和生长发育。

（3）甲状旁腺

兔有两对甲状旁腺，其中前一对甲状旁腺（即内甲状旁腺）多在甲状腺组织内；后一对甲状旁腺（即外甲状旁腺）位于甲状腺后部两侧、靠近颈总动脉处，呈卵圆形，黄褐色。甲状旁腺分泌的甲状旁腺激素有调节体内钙磷代谢的作用，以维持兔体一定的血钙、血磷水平。

（4）肾上腺

肾上腺左右侧各一，为扁平三角形小体，呈黄白色，位于肾脏内前方，它可分为皮质和髓质两部分。皮质所分泌的肾上腺皮质激素对调节盐类（特别是钠和钾）、水分和蛋白质代谢起重要作用；髓质所分泌的肾上腺激素可增强血液循环系统活动，抑制内脏平滑肌活动和促进兔体糖代谢等。

（5）松果体

松果体位于两大脑半球和间脑交界处，由一长柄连于第三脑室顶的后脑。它在性成熟前有抑制垂体前叶分泌促性腺激素的机能。

（6）胰岛

胰岛散布在胰脏组织中，仅占胰脏总体的 $1\%\sim3\%$。胰岛分泌胰岛素，可降低血糖含量。

（7）性腺

睾丸曲精细管间质细胞能分泌雄性激素促进第二性征及雄兔生殖器官的发育。卵巢中由卵泡上皮细胞所分泌的雌激素，能促进雌兔生殖器官发育和副性征，使雌兔周期性发情；由黄体细胞所分泌的孕激素，具有保证雌兔安全妊娠的作用，此外还有促进雌兔乳腺发育的作用。

（九）神经系统

兔的神经系统可分为中枢神经系统（包括脑和脊髓）和周围神经系统（包括脑神经、脊神经和植物性神经）。神经系统具有保护机体成一整体并与内外环境保持平衡的作用，负责协调运动和维持身体生理结构完善和正常生理机能。

1. 中枢神经系统

脑和脊髓组成兔体的中枢神经系统。

（1）兔脑　兔脑分大脑、小脑、间脑、中脑、脑桥和延髓。兔脑的大脑皮层不甚发达，体积小，大脑皮层较薄，表层表皮面光滑，沟与回不明显；小脑位于大脑半球之后，不发达；间脑被大脑半球所覆盖；大脑与小脑相接处轻轻分开可见中脑；脑桥不发达，位于小脑腹面的前半部，介于大脑脚与延髓之间；延髓位于小脑腹面的后半部，介于脑桥与脊髓之间。

（2）脊髓　脊髓呈圆柱形，位于椎管中，前端与延髓相接。脊髓中央小管里面充满脊液。在脊髓两旁发出许多成对的脊神经与身体各处相联系。所以脊髓是神经传导的通道，也是一些低级反射的中枢（如排粪排尿、性活动等）。按照脊柱的区分，脊柱可分为颈椎、胸椎、腰椎、荐椎和尾椎 5 个部分。脑和脊髓都是空心的，空腔里充满不断流动循环的脑脊液，不仅供给脑与脊髓细胞营养，而且还能带走新陈代谢产生的废物。

2. 周围神经系统

神经从脑和脊髓发出，由神经纤维和神经节组成。植物性神经共同组成机体周围神经系统。躯体神经，包括脑神经和脊神经。

（1）兔的脑神经　兔的脑神经共有 12 对，依次为Ⅰ嗅神经、Ⅱ视神经、Ⅲ动眼神经、Ⅳ滑车神经、Ⅴ三叉神经、Ⅵ外展神经、Ⅶ面神经、Ⅷ听神经、Ⅸ舌咽神经、Ⅹ迷走神经、Ⅺ副神经、Ⅻ舌下神经，皆为运动神经。

（2）兔的脊神经　兔的脊神经共有 37～38 对，按其身体部位分，包括 8 对颈神经，12（13）对胸神经，7（8）对腰神经，4 对荐神经，6 对尾神经。

植物性神经包括交感神经和副交感神经两部分，分布在兔体内脏、腺体、心血管等处。交感神经起自脊髓第 3～4 节至腰髓；副交感神经起自头部中脑延髓和荐部脊髓。植物性神经属于支配内脏运动的传出神经。大多数内脏器官受交感神经和副交感神经双重支配。

3. 感觉器官

　　感觉器官中最重要的是眼和耳。兔眼在基本结构上和其他哺乳动物无多大差别，利用膜状肌调节眼对光波的敏感度，而对色觉感受能力较差，这与兔的夜间活动有关。兔耳是听觉器官，分内耳、中耳和外耳三部分，由软骨形成的兔耳廓能自由活动，便于收集从不同方向传来的声波。内耳包括三个半规管：椭圆囊，球状囊和蜗管。此外还有分布于全身的触觉小体、分布于鼻腔的嗅觉小体和分布于舌部的味觉小体。兔的感觉也可分为感觉、听觉、触觉、嗅觉、味觉五种。

第三章 家兔的生活习性和繁殖特性

一、 家兔的生活习性

家兔由野兔逐渐驯化而来，因此，长毛兔的大部分生活习性都继承于原始野生穴兔。了解家兔的生活习性，对于养好家兔十分必要。家兔的生活习性主要表现为以下几方面。

（一） 穴居性

长毛兔保留了原始穴兔打洞穴居的本能行为，尤其是繁殖仔兔时会表现得更加明显。因为野生穴兔弱小，缺乏抗敌能力，常被肉食性的猛禽猛兽捕食或伤害，因而胆小怕惊，兔打洞穴居不仅安全而且冬暖夏凉，温度湿度适宜。在地面散养的家兔，如果不控制其打洞，就会给饲养管理带来很多不便，如检查兔子的健康状况、进行各种治疗以及注射疫苗时，它会警觉地藏于洞中而难以捕捉。因此在设计建造兔舍和选择饲养方式时应注意防止兔子在舍内乱打洞穴，以防造成损失。兔舍窗户应设纱窗或小孔铅丝网，室外养兔时最下层的兔笼底与地面的距离一般要求在半米左右。在北方高寒地区，因条件限制，为了保障家兔的冬繁冬养，可以利用家兔的穴居性，在人为控制洞穴深度的条件下，让它们在地洞中繁殖产仔，但是要限制其随意打洞掘穴。现代笼养兔很难顺应这种习性，因而在母兔产仔时给其提供保暖的产仔箱或产房。这也是为了适应家兔的这一习性。

（二）夜行性

长毛兔的祖先是野生穴兔，在深山丛林中生活。兔体格小，无一定的御敌能力，在长期的生态条件下便形成了昼寝夜行的习性，即白天伏于洞中，夜间四处活动和觅食。家养的长毛兔也继承了这一特点。兔场中饲养的长毛兔白天相对安静，夜间十分活跃；白天除采食、饮水外，常闭眼睡眠，夜间则采食频繁。根据家兔的这一习性，饲养时，一方面应当注意合理安排饲养日程，晚上喂足够的夜草、饲料和饮水，另一方面在白天尽量不要妨碍兔的休息和睡眠，以最大限度地提高饲料转化率。虽然家兔对光照的要求不高，在白天或夜晚都能活动，但是遇强烈光线时会损害家兔健康；如果光照时间缩短，兔的活动减弱又会降低母兔的受胎率，因此在种兔舍内一般每平方米置 1 盏 10～15 瓦的白炽灯，每天的光照时间以 12～14 小时为宜。这可减少繁殖受季节的影响。

（三） 胆小怕惊扰

家兔胆小，对外界环境的变化非常敏感，长毛兔耳朵长、大，听觉灵敏，常竖耳听声响，一旦遇有异常的声音便惊慌失措，或乱蹦乱跳，或发出很响的蹬足声以通知同伴。受惊吓的妊娠母兔容易流产，正在分娩的母兔受到惊扰会咬死或吃掉初生仔兔，哺乳母兔受到惊吓则会拒绝仔兔吃奶，正在采食的兔子受到惊吓往往停止采食。因此，要保持兔舍的环境安静，在兴建兔舍时，不要将兔舍与机器厂房建在一起，平时在兔舍内的操作动作要轻，不要大声喧哗，不要人群围观，不要让狗、猫等进入兔舍，以免使兔群受到惊扰。

（四） 群聚性差

长毛兔幼兔适宜群养群饲，种兔不论公兔母兔都应当单笼饲养。同性别的成兔之间常发生争斗和咬伤，特别是公兔之间或组织新兔群时；在繁殖季节争斗和咬伤现象更严重，因此家兔适于笼养，管理较易。设计兔舍和饲养管理时应该注意合理分群，应根据长毛兔体形大小、强弱进行分群，且分群不宜过大。种兔宜单笼饲养，以免相互咬伤造成损失。

（五） 怕热耐寒

长毛兔汗腺不发达，仅唇部有汗腺，难通过汗腺来散热，仅靠大耳朵散热。加之其被毛浓密，使体表热量不易散发。所以在炎热的夏季，它们只能靠加快呼吸频率来散热。当外界温度超过30℃时，呼吸频率比正常情况下加快5倍，达到每分钟200次以上，但通过加快呼吸频率散热也是有限度的，所以家兔怕热。家兔浓密的被毛使它具有较强的耐寒能力。但仔兔出生后因全身无毛也不耐寒，因此冬季应注意保温。兔适宜的环境温度是15～20℃，在这个温度范围内，一般来讲，在兔舍结构上或日常管理中，防暑比防寒更重要。

（六）啃食性

长毛兔的门齿是恒齿，由于其不停地生长，所以家兔必须通过本能地啃咬硬物将它磨平，使上下颌齿面吻合。如果经常喂给柔软饲料，家兔就会自然而然地啃咬笼子，造成笼具或其他设备的损坏。为避免不必要的损失，可以经常向兔笼内投放一些树枝，同时在兔笼设计上做到笼内平整，尽量不留棱角，使家兔无法啃咬，以延长笼子的使用年限，也可避免尖锐的笼子边、角等对家兔口腔或躯体造成创伤。

（七）喜干燥，爱清洁

家兔喜欢生活在清洁而干燥的环境中，有固定的排尿排粪的地方，并且离饲槽、饮水器较远。家兔还常用舌头舔拭自己的前肢和其他部位的被毛，以清除身上的污秽之物。吃东西前它先用鼻子嗅饲料是否新鲜干净，不新鲜不干净的饲料不吃。

这些都是它们适应环境的结果。家兔对疾病的抵抗能力较差，尤其在不清洁和潮湿的环境中，病原菌会迅速繁殖而使家兔患病。家兔适宜环境的相对湿度不超过 65%。因此，在日常管理中应遵循清洁干燥的原则，搞好兔舍设计和长毛兔的饲养管理工作。

（八） 嗅觉灵敏

兔有灵敏的嗅觉，可以辨别异性和栖息领域，母兔还可通过嗅觉来识别亲生和异窝仔兔。人们根据兔的这一特点，在仔兔需要寄养或并窝时，采用一些特殊的方法，如在仔兔身上抹一些代养母兔的尿液，使母兔无法辨别，从而达到代养的目的。

（九） 性情温驯与同性好斗

兔性情温和，在正常情况下大多数家兔可被任意抚摸或捕捉，不发出声音。但在母兔产仔或带仔时，出于它的母性本能，在被捕捉时有可能会主动伤人。当遇到敌害或四肢被笼底板夹住时，往往发出尖叫声。群养家兔时，同性成年兔有互斗的特性，特别是公兔间或新组成的兔群中，经常发生互斗和咬伤。因此，家兔适于笼养，饲养管理较易，也可避免同性互斗的现象。

（十） 家兔的采食性

兔和其他草食动物一样，喜欢素食。长毛兔的消化道复杂且较长，容积大，大小肠极为发达，总长度为体长的 10 倍。1 只体长约半米的成年兔，肠道全长可达 5 米多。因而兔能吃进大量的青草，采食量相当于体重的 10％～30％。家兔的盲肠和结肠发达。盲肠里有大量细菌和原生动物，是消化粗纤维的基础，草料中的纤维素靠微生物分泌的纤维素酶发酵分解，对粗纤维的消化率为 20％左右，当粗纤维缺乏时（低于 5％）易引发消化紊乱、采食量下降、腹泻等。结肠的前段也有与盲肠同样的消化能力，对饲料中的纤维素进行消化利用。长毛兔对食物有明显的选择性，喜吃多汁性饲料和叶性饲料。家兔能够采食各种各样的杂草、野草，但这并不说明家兔喜欢吃所有的草类。家兔喜欢吃多汁性的饲草、野草，如豆科牧草苜蓿草、三叶草、红豆草等，以及菊科和十字花科等多种野草；家兔不喜欢吃叶脉平行的草类，如禾本科的猫尾草、燕麦草等。多汁性饲料中家兔喜欢吃萝卜、胡萝卜等，但因其含水量较高，容易引起腹泻，特别是秋季的新鲜胡萝卜等，在饲喂时应该加以控制，不能作为家兔日粮中的主要饲料。在谷物饲料中，家兔喜欢吃整粒的大麦、燕麦，而不喜欢吃整粒的玉米。颗粒饲料和粉料相比，它们更喜欢吃颗粒饲料，混合日粮制成颗粒饲料最适宜喂兔。据试验测定，不论是兔的生长率还是饲料转化效率，都是颗粒状比粉末状饲料效果好。长毛兔的肝脏较发达，约占体重的 3％，高于其他家畜的相对比例，因而兔的解毒能力强，对植物中的有毒有害物质有一定的解毒能力，并对有毒的生物碱有较强的抵抗力。兔不喜欢吃动物性饲料，鱼粉等动物性饲料除外。因此日粮中动物性饲料所占比例不宜过大，一般不超过5%，而且必须粉碎后均匀地拌在混合饲料里，否则，将影响家兔的食欲，甚至拒绝采食。

（十一）食粪性

长毛兔从开始吃饲料就有食粪行为，只有在异常情况（如生病）时才停止食粪。长毛兔的粪便有两种，即硬粪和软粪。硬粪白天排出，软粪晚上排出。软粪由暗色成串小珠状粪便构成，粪球外面有特殊光泽的外膜包被，内含流质内容物。软粪所含蛋白质和水溶性维生素比硬粪多得多，这种软粪一排出就直接在肛门处被长毛兔自己吃掉。长毛兔食软粪的意义在于对软粪中蛋白质和B族维生素的再利用，且软粪中微生物对胃肠消化有利。长毛兔食粪后，全部饲料的消化率可提高6%～7%，特别是氮元素、无机物的消化率上升明显。长毛兔食软粪时有咀嚼动作，这种习性被称为"假反刍""食粪癖""盲肠营养"等。

（十二）换毛

家兔的被毛由于季节、年龄、营养和疾病等原因，会有生长、老化和脱落并被新毛代替的过程，这种现象称为换毛。了解家兔年龄换毛、季节换毛的早晚以及换毛期的长短，对于确定屠宰取皮毛最合适的日龄和长毛期对提高家兔的皮毛品质具有十分重要的意义。兔的换毛有以下几种情况。

① 兔的年龄性换毛。是指家兔在不同的生长发育阶段内的正常脱换被毛。

② 季节性换毛。也叫周期性换毛，家兔进入成年阶段后，每年季节换毛的早晚，受光照时间长短的影响较大。春季光照时间逐渐加长，气候由寒冷转向温暖，饲料中的干草也逐渐被青草所代替，所以被毛生长较快，换毛期较短；秋季则相反，再加上皮肤毛囊代谢机能减弱，所以被毛生长较为缓慢，换毛时间延长。这种季节性换毛，也是家兔对季节的本能适应。

③ 不定期换毛。这种换毛不受季节影响，可在全年任何时候出现。它主要决定于毛球的生理状态和营养情况，在个别毛纤维生长受阻时容易发生，一般老年兔比幼年兔更明显。

④ 病理性换毛。是家兔因患某些疾病，或长期营养不良使新陈代谢发生障碍，或者皮肤营养不良而产生的全身或局部的脱毛现象。换毛是复杂的生理过程，它的基本条件是新陈代谢的提高和皮肤营养的增强。在换毛期间，家兔需要更多的营养物质，同时对外界气温条件变化的适应能力差，易患感冒等病。因而应对换毛期间的兔子加强饲养管理，供给富含蛋白质的饲料（如豆类、豆饼、亚麻籽饼等）和高质量的饲草，加快

兔毛生长速度，饲料消耗也可保持在最经济的水平上。

二、 家兔的繁殖特性

（一） 繁殖力强

长毛兔是多胎多产的动物。长毛兔性成熟早，一般母兔比公兔早。母兔性成熟为 4～5 月龄，公兔为 5～6 月龄。长毛兔的繁殖力强，不仅表现在每窝产仔率高，孕期短，窝产仔数多，而且繁殖不受季节限制，全年均可繁殖产仔。

（二） 刺激性排卵

长毛兔的排卵属于刺激性排卵，即卵泡虽然成熟但并不排出，只有经公兔的交配刺激后隔一定时间才能排卵。母兔的卵子在与公兔交配 10～12 小时后从卵巢排出。人们可以根据该特性安排生产，同时也可利用这一特性使不发情的母兔与性欲高的公兔接触时可以接受交配，并能受胎。在生产中，常采取强制交配的方法使母兔受胎，获得正常产仔。

（三） 双子宫

家兔为双子宫动物，有两个子宫颈共同开口于阴道。因此，它不会发生如其他动物在受精后受精卵由一个子宫角向另一个子宫角移行的情况。家兔的卵子较大，是目前所知的哺乳动物中最大的卵子，直径为 92～120 微米，最大的可达 160 微米，同时也是发育最快、在卵裂阶段易在体内培养的哺乳动物卵子，有利于卵移。

（四） 性斗争行为

家兔具有同性好斗的特点，如果与性行为相联系，就显得更为突出。两只公兔在两者都刚配过种、两者都未配过种或者其中一只刚配过种的这三种情况下相遇，都会发生争斗。当它们相遇时，开始相互嗅闻，接着将发生争斗。争斗异常激烈，往往咬得头破血流，皮开肉绽。两只母兔相遇也会发生斗殴，但不如公兔那样激烈，只要一方认输，争斗即可停止。当将一只母兔放入另一只母兔笼内时，新来者往往先嗅闻笼壁或底板，然后再互相嗅闻对方外阴等部位。争斗时主要咬住对方的头部或臀部。将刚分娩几天的母兔放在一起，争斗往往比较激烈。

（五） 性活动规矩

长毛兔的性活动有其规律性。每天日出前后 1 小时、日落前 2 小时和日落后 1 小时的性活动最强烈。生产中常见清晨或傍晚的受胎率最高。当气温 14～16℃，光照 16 小时，母兔的发情率最高。

（六） 母兔的假妊娠现象

当母兔接受母兔的爬跨、不育公兔的交配时，常发生母兔排卵不受精的现象，此时母兔表现出妊娠母兔的行为，此为母兔的假妊娠。母兔的假妊娠一般持续 16～18 天。

第四章 长毛兔主要品种与引种注意事项

一、 长毛兔的主要品系

长毛兔是我国人民对毛用兔的俗称，世界上统称为"安哥拉兔"，因产于安哥拉城而得名，是世界著名的毛用兔品种。经长期培育，分别育成英系安哥拉兔和法系安哥拉兔两个著名的毛用兔品种。由于安哥拉兔产毛性能好，纤维质量高，逐步发展到利用兔毛纺织高级纺织品，因而饲养数量迅速增加。当长毛兔传入法、美、德、日等国家后，经各国养兔界根据不同的社会经济条件，培育出若干品系，不同类群各具特色的长毛兔，它们不但在体形和外貌上各具特点，而且在毛色上也由单一白色而变得丰富多彩。在美国家兔育种者协会上确定的颜色就有白、黑、蓝、栗、红、巧克力、紫丁香、鼠灰、青紫蓝色等，共计 33 种之多，但是长毛兔最为普遍的毛色是白色。这些在体形、外貌以及血缘上有差异的兔群就被称为品系。我国饲养的长毛兔主要品种是德系、法系、中系安哥拉兔等，这些品种饲养地区不断扩大，现已遍及世界各地。在我国饲养的长毛兔中，以德系安哥拉兔产毛量最高，法系安哥拉兔居中，英系和中系安哥拉兔产毛量较低。1978 年起我国引进德系安哥拉兔，在纯种选育的同时，开展了德系与中系杂交选育，并引入其他兔血缘。在上海、浙江、山东等地培育出了具有我国特色的大体形长毛兔群，产毛量和兔毛质量均较高。在推广优良品种的同时，20 世纪 80 年代和 20 世纪 90 年代，江苏、安徽等地农业科学研究机构还选育出了我国自己的粗毛型长毛兔，并不断选育这些优良品种，以避免后代退化。长毛兔的被毛可以分为细毛、粗毛和两型毛三种。由于粗毛在被毛中的含量与该被毛的主要用途和价格有着密切的关系，所以备受长毛兔生产者的关注。习惯上，把被毛中的粗毛率在 10％以下的长毛兔类群称为细毛型长毛兔，粗毛率高于 10％的称为粗毛型长毛兔。

（一）细毛型长毛兔

1. 德系安哥拉兔

20 世纪 50 年代，德国对原有的长毛兔经过 40 多年的育种，培育出了德系安哥拉兔。德系安哥拉兔的体形较大，成年体重 4～4.5 千克，高者达 5.7 千克。体躯略长且宽，呈圆柱形。头形偏尖削，也有短而宽的，额部、颊部一般有少量毛，耳尖有一撮耳毛，俗称"一撮毛"；有的额部、颊部和耳朵上的长毛都较丰盛，俗称"全耳毛"；有的只有少量额毛和颊毛，耳朵只在上缘的半边有毛，俗称"半耳毛"。这几种类型中以"一撮毛"较为常见。全身被毛细长，密度大，腹部的毛也长而密，四肢毛和脚毛都非常丰盛。德系安哥拉兔的体重 8 月龄可达 3.7 千克，1 岁以上的兔高的可达 5.5 千克以上。被毛有毛丛结构，细毛含量高达 95％，养毛期 3 个月，特级毛含量可达 65％～75％。毛纤维有波浪形弯曲。毛品质好，绒毛细度平均在 14 微米左右，粗毛细度在 38 微米左右。被毛有毛丛结构，不易缠结。年平均剪毛量 900～1100 克。由于德系安哥拉兔的体形大，毛密度大，毛丛结构好，所以产毛量也高。我国成年兔的年产毛量一般在 800～1000 克。德系兔四肢中等长度，强健有力，繁殖力强，泌乳性好，早期生长迅速，肌肉结实，发育好，但兔体质较弱，对管理要求高，抗病力差。繁殖配种困难，初产母兔母性差，初胎往往不会自拉奶毛，不会做窝。平均每胎产仔 6 只，最高可达 12 只。奶头 8 个，多达 10 个。我国从 1978 年起陆续从德国引进德系安哥拉兔，经几十年的风土驯化和选育，繁殖性能和适应性均有所改善，对改良中系安哥拉兔，发展我国长毛兔起了重要作用。

2. 中系安哥拉兔

中系安哥拉兔又称中国全耳长毛兔。中系安哥拉长毛兔是我国在英系和法系两系安哥拉兔杂交基础上，与我国江、浙一带白兔杂交，经过不断选育而形成的。由于整个耳背及耳端密生细长的绒毛，飘出耳外，故又名"全耳毛兔"。中系安哥拉兔体形较小，成年兔体重2.5～3.0千克，最高为4.0千克，体形稍长，骨骼较细，体格健壮。该兔的主要特征是全身毛、"狮子头"、四脚如虎、"老鼠爪"。头宽而短，面圆鼻扁。耳中等长，稍向两侧开张，整个耳背及耳端密生细毛绒毛，飘出耳外，通常称"全耳毛兔"。额毛和颊毛非常丰厚，额毛向两侧延伸可到眼角，向下延伸至离鼻端2～3厘米处，从侧面看不到眼睛，从正面只看见绒毛团，好似"狮子头"。趾间及脚底密生绒毛，脚毛丰满，形成"老鼠爪"。由于与英系、法系安哥拉长毛兔有区别的主要外形特点，1959年正式通过鉴定，命名为中系安哥拉兔。中系安哥拉兔被毛密度差，年产毛量350～370克，最高的可产500克，毛品质差，被毛容易缠结。繁殖力强，产仔多，每年可繁殖4～5胎，每胎产仔7～8只，高者达11只，配种率较高，母性好，仔兔成活率高。适应性强，较耐粗饲。缺点是体形较小，毛密度较差，致使产毛量较低，而且毛丛结构差，被毛容易缠结，加之体质稍弱，抗病力较差。随着德系安哥拉兔的引进，杂交改良中系安哥拉兔，真正纯种的全耳毛兔的数量日趋减少。

除上述细毛型长毛兔外,我国还引进过英系、日系和丹麦等细毛型长毛兔。但因引进的这些长毛兔生产性能不高,在我国各地只有一定数量的分布,详细介绍如下。

3. 英系安哥拉兔

该兔原产于英国,属于细毛型安哥拉兔,该兔是由英国育种家从法系中选种运回本国培育出来的。英系安哥拉兔成年体重 2.5~3.5 千克,高者达 4.0 千克。头较扁圆,鼻端缩入,额毛和颊毛丰满。耳短而薄,耳尖生有一撮长毛(俗称"一撮毛"),阴阳面相对称,体形中等偏小,体躯短、胸、肩丰满。全身被毛蓬松、被毛密、体毛纤细、柔软、有丝光,粗毛含量少、毛质较细,绒毛多,枪毛少;背毛长,在背脊中央一线分开。毛色以纯白最多,四肢和趾间脚毛均较长,毛长约 13 厘米,年产毛量 0.35 千克。每年可繁殖 4~5 胎,多达 7~8 胎,每胎产仔 5~6 只,最高达 15 只,配种受胎率比德系、法系长毛兔高,一般为 60.8%。但兔体质较弱,抗病力差,母兔泌乳力也较差。

4. 日系安哥拉兔(俗称日本长毛兔)

该品系产于日本,日系长毛兔体形较小,成年兔体重 3.0~4.0 千克,高者达 5.0 千克。头形宽,耳中等直立。额部、颊部、两耳外侧及耳尖部均有长毛,额部有明显分界线,呈"刘海状"是其品种特征。全身披有长毛，粗毛少不易缠结。全身毛细密有光泽，弹性好，枪毛少，产毛量较高，公兔为500～600克，母兔为700～800克，最高为1200克。被毛纤细，绒毛细度12.5微米左右，粗毛含量5％以上，毛品质较德系差。日系长毛兔繁殖力强，平均窝产仔7只，多达8～9只，哺乳性能优于德系长毛兔。适应性好，较耐粗饲，毛品质中等，但个体差异大，外形不一样。我国于1979年开始引进饲养，主要分布在浙江、辽宁等省。后来因引进德系安哥拉兔，其品质优于日系兔，故日系安哥拉兔数量较少，其对我国的兔种改良影响较小。

5. 丹麦系安哥拉兔

该兔属于细毛型长毛兔，成年兔的体重3.5～4.0千克，初生重比德系兔大，外形与德系长毛兔相似。头形较圆而长，且清秀。耳、颊、额部有短毛，耳尖有一撮毛。两耳下垂者较多。骨骼细，肌肉不发达。年产毛量750～850克，被毛密度大，绒毛不缠结。仔兔成活率高，但母性差，哺乳需人工辅助。对饲养条件要求高，体质较弱。

（二）粗毛型长毛兔

1. 法系安哥拉兔

该兔原产于法国，经长期培育而形成的法系安哥拉兔属于粗毛型长毛兔，是目前世界上著名的粗毛型长毛兔。法系安哥拉兔体形较大，成年体重 3.4～4.8 千克，高者达 5.0 千克。该兔头呈椭圆形，面部稍长，鼻子稍高，耳长且较厚，竖立于头顶，毛稍短，或有少量簇生绒毛，耳背密生短毛，通常叫"光板"，额部、颊部及四肢下部均有短毛。体躯中等长，胸部发育良好，后躯丰满，体质结实，四肢健壮，被毛密度较差，但粗毛含量高，粗毛率高，年产毛量较德系安哥拉兔低，公兔为 900 克，母兔为 1000 克，最高达 1200 克，毛长约 8 厘米，绒毛细度为 15 微米左右。粗毛细度 50～60 微米，被毛密度每平方厘米为 13000～14000 根，粗毛含量高，为品系特征之一。法系安哥拉兔繁殖力较高，泌乳性能好，平均每年可繁殖 4～5 胎，每胎产仔 6～8 只，受胎率为 58.3%，高于德系长毛兔。该兔对环境适应性强和抗病性强，饲养管理方便。缺点是被毛密度差，含粗毛较多。

随着纺织机械的改进和纺织工艺的提高，国外利用短兔毛可生产出高档纺织品。国际市场对粗毛含量较高的中低档兔毛需求量增加，刺激了粗毛型长毛兔的发展。20 世纪 70 年代末我国许多地方开始从国外大量引进德系安哥拉兔，用于改良产毛性能较差的中系安哥拉兔，并取得明显的效果。20 世纪 80 年代中期还引进部分法系安哥拉兔，用于改良细毛型兔，以适应市场对粗毛型兔毛的需求。在利用良种进行杂交改良的同时，一些产毛兔重点产区开始培育新品系，要求新品系产毛量高，适应性强。经过 20 年的努力，已取得明显效果。

我国的家兔育种者在 20 世纪 80 年代和 90 年代为了适应市场对粗毛型长毛兔的要求，许多地方先后培育出了几种具有特点的粗毛型长毛兔，其中影响较大的有浙系粗毛型长毛兔、苏Ⅰ系粗毛型长毛兔、皖Ⅲ系粗毛型长毛兔、莱芜黑耳长毛兔等，分述如下。

2. 浙系粗毛型长毛兔

系我国浙江省农业科学院联合嵊州和新昌长毛兔研究所以及上虞市畜产公司自 1987 年用法系安哥拉兔杂交，杂种一代兔中有的进行互交，有的与德系或法系安哥拉兔回交，然后在这些兔的后代中选择优良的个体及群体继代选育，经五个世代于 1993 年育成。浙系粗毛型长毛兔的体形较大，11 月龄时的平均体重为 4.02 千克；在剪毛的情况下，平均年产毛量 959克，粗毛率达到 15.94%；繁殖性能较好，平均产仔数 7.3只，平均产活仔数 6.8 只。

3. 苏Ⅰ系粗毛型长毛兔

系我国江苏省农业科学院自 1988 年起用德系安哥拉兔、法系安哥拉兔、新西兰白兔和德国大型 SAB 肉兔进行组合杂交，1990 年从各类杂交兔中选出优良个体群，并进行群体继代选育，经过五个世代选育于 1995 年育成。苏Ⅰ系粗毛型长毛兔的体形大，11 月龄时的平均体重为 4.51 千克；在剪毛的情况下，平均年产毛量 898 克，粗毛率达 15.71%；繁殖性能好，平均每胎产仔 7.1 只，平均活仔 6.8 只。

4. 皖Ⅲ系粗毛型长毛兔

系我国安徽省农业科学院在 1982 年开始用新西兰白兔与德系安哥拉兔杂交，结果在育成的皖系长毛兔中有 18% 的个体粗毛率在 10% 以上。1987 年起，该院选择粗毛率较高的个体进行系统选育，经过五个世代后于 1991 年育成了皖Ⅱ系粗毛型长毛兔。粗毛率平均为 13.69%，年产毛量平均为 826.12 克。在此基础上通过加强选种选配、改善饲养环境等有效措施，又经过五个世代的继代选育，于 1995 年育成了皖Ⅲ系粗毛型长毛兔。体形较大，11 月龄的平均体重达 4.1 千克。躯体发育良好，前胸宽阔，骨骼较粗壮，额部、颊部和耳背的绒毛覆盖状况不一致，耳毛以"一撮毛"的偏多。皖Ⅲ系粗毛型长毛兔的生产性能进一步提高。在剪毛情况下，平均年产毛量为 1013 克，被粗毛率在 11 月龄时达 15.14%。繁殖性能较好，平均每胎产仔 7.1 只，平均活仔 6.6 只。

5. 莱芜黑耳长毛兔

莱芜黑耳长毛兔是由山东省莱芜市畜牧兽医研究所和山东农业大学以原来育成的长毛兔为母本，导入伊普吕肉兔血液后培育而成的粗毛型长毛兔新品系。莱芜黑耳长毛兔全身被毛洁白，耳尖、鼻尖为黑色。成年兔体重 6～6.5 千克，年平均产毛量 1200

克以上，平均年产仔兔数 8.4 只，粗毛率 20％以上。

二、 引种养兔注意事项

引种是养兔生产中一项重要技术工作，引进兔的品种质量的优劣不仅直接关系其产品及其后代的数量和品质好坏，而且对养兔业的发展也有很大影响。因此引进种兔必须注意以下事项。

（一） 切勿盲目引种

引进种兔时应注意掌握市场行情变化发展趋势、生产目标，并考虑自身养兔条件，切勿盲目引种。新养户引种兔类缺乏养殖的知识和饲养实践经验，购进数量宜少，特别是种兔，因其消化系统机能尚未健全易患胃肠炎和消化不良，更要引购少量种兔试养获得饲养经验后再逐渐增多引种数量，否则容易死亡造成严重经济损失。

（二） 避免近亲繁殖品种退化

引种兔时必须先通过种兔评价。选购种兔应符合本品种特征，引种兔时应用系谱和子代性能进行选择，了解个体各代祖类完整的生产性能，防止带入遗传性疾病和有害基因。尤其要了解所购种群间的亲缘关系，避免近亲繁殖品种退化。

（三） 引种时间以春秋两季为宜

引种兔繁殖时间以春秋两季气候条件适宜时进行。因家兔怕热、怕冷，春秋季不冷不热不湿，适宜进行引种；夏季不宜引种兔，因长毛兔被毛丰满怕热；冬季引种兔易受寒冷刺激易发病死亡。不同种兔由于遗传的差异，发育到性成熟所需的时间也有所不同，生长发育良好的母兔配种季节早。对出生较晚的瘦弱个体推迟配种。引进种兔繁殖时期应随着纬度的不同而有所差异，在北方与南方地区之间早晚相差可达1个月。

（四） 引种兔年龄以仔兔和青年兔为宜

引种兔年龄以仔兔为宜，仔种兔价值高，同时可塑性强，容易人工驯养，但仔兔体弱易生病死亡。初养种兔户没有饲养经验难以成功。因此初养种兔户以引进青年种兔饲养为宜。一般以3～5月龄生活能力强的青年兔或体重在1.5千克以上青年兔最好。因为种兔利用年限一般只有3～4年，所以通常不引进老年种兔。开始引种数量不宜过多，以6～10只为好，待取得成功经验后，再逐渐扩大养殖规模。

（五） 引进种兔必须严格防疫和检疫

引进种兔必须严格防疫和检疫，搞好防病灭病工作，并要求索取非疫区证明和了解预防注射情况，否则引购的种兔患有疫病后果难以预料。种兔引进后必须隔离饲养15天到1个月，经检查证明无病后方可转入兔舍或繁殖群混群饲养。如果发现有病兔应及时隔离治疗，避免疫病传入，造成大群死亡。

（六） 种兔引进后需要加强饲养管理

新引进的种兔经过运输后很疲惫，捕捉刺激容易造成应激反应。种兔引进后需要休息 1～2 小时并给饮 0.5％盐水或清洁饮水和精饲料，但要少喂多餐。饲养兔的兔舍要求清洁卫生、通风、干燥、温度适宜、环境安静，并加强对引进种兔的饲养管理。提高其抗病能力，防止兔群暴饮暴食而引起胃肠疾病。

（七） 种兔必须从正规养殖种兔场引进

种兔必须从正规养殖种兔场引进，种兔类品种养殖场都持有市（县）级工商行政管理局核发的营业执照和税务局执照；养殖良种兔还需持有省（区）级野生动物驯养繁殖许可证；加强对种兔品质质量检验和监督，杜绝劣种兔、假种兔繁殖，保护广大养殖者的利益。凡有供求关系的应订合同，开具票据凭证，以便万一发生纠纷可持这些证件向有关部门投诉。

第五章 长毛兔场舍圈建造与用具

一、 兔场舍圈建造

养兔场是饲养家兔的场所，兔场圈舍建造必须选择在既有利于家兔的快速成长发育、繁殖、提高生产力，又有利于积肥和防病的场地，养兔场舍应根据家兔的习性，结合饲养数量的多少和地区特点进行综合规划和就地取材，兴建科学实用、经久耐用的兔舍。

（一） 场址的选择

养兔场应当注意场址的选择。养长毛兔的场址应建在地势高燥、平坦，有适当坡度（坡度以 3％～10％为宜），向阳背风，地形开阔，平整宽敞，排水良好，地下水位低，水源充足，水质良好，砂质土壤和交通方便的地方。地势低洼、排水不良和背阴的峡谷地方，场地湿度大，不利于家兔的体温调节，病原微生物和细菌、寄生虫繁殖快，兔病多。养兔场要与公路、铁道、村庄相隔一定的距离，特别要远离屠宰场，畜产品加工厂，交通频繁、噪声大（家兔特别胆小怕惊，会引起家兔呼吸和消化系统紊乱，甚至造成妊娠兔流产），人畜流量大，容易传染疾病和使兔受惊，不宜作兔场。兔舍周围有一定面积的土地，用作兔的饲料基地。

（二）兔舍的建筑要求

兔舍应根据长毛兔的习性，结合饲养目的和地区特点，修建在排水良好的地方，有利于兔群、有利于积肥、有利于防病，并使兔不受恶劣天气的影响，在安排兔舍的朝向时，应注意日照和当地的主导风向，以南北向兔舍，自然通风，光线充足，冬季可获得较多的日照，夏季可避免较多的日射为宜。在南方炎热地区，采取良好的通风是选择兔舍朝向的主要因素之一。养兔的形式和兔舍建造种类很多，一般来讲，无论哪种养兔形式，兔舍的结构、面积、内部布置都必须符合不同类型长毛兔的饲养管理技术和防疫卫生要求。兔舍建筑应能防雨、防潮、防风、防寒、防暑和防兽害，且造价低。

（三）兔舍的建筑形式

依长毛兔的饲养方式而定。不同的饲养方式，有相应的兔舍建筑形式。当前，依据各地所养的长毛兔类型，一般有封闭式、半开放式、开放式和棚式几种。

1. 棚饲兔舍

这种兔舍四周无墙，双坡式屋顶，靠立柱支撑，屋脊高度2.5米左右。用80～90厘米高的竹条或铁丝网隔成多个分隔的隔栏，隔栏面积依兔群数量而定。每栏可养幼兔30只，青年兔20只。室内地面应铺漏粪板或砖头，以保持兔体清洁和防病，隔栏的一端通向舍外，在舍外地上也用同样的竹片、竹条或铁丝网隔成运动场，场内放置食槽、草架和饮水器。这种兔舍造价低，饲养量大，节省人工和材料，容易管理，便于清洁，舍内空气质量好，并使兔得到充足的运动。缺点是兔舍利用率不高，不利于掌握定量喂食，不便于控制疾病传播，容易发生家兔斗殴。同时难以防止兽害和防盗。

2. 笼养兔舍

笼养分室内笼养、室外笼养、室内外结合笼养3种形式。室内笼养不怕刮风下雨、天气骤变等，也有利于防止其他动物对兔的袭击。室外笼养空气新鲜，阳光充足，兔生长发育较快、体质结实，抗病和耐寒能力较强。室内外结合笼养则兼有双方优点：天气转冷时放进室内，天气转热时放在室外阴凉处，有利于兔的生长发育和冬繁冬养。由于有室内笼养兔舍和室外笼养兔舍的饲养方式不同，因而室内兔舍与室外兔舍两种建筑有不同的要求。

（1）室外笼养兔舍　室外笼养兔舍与兔笼相连，既是兔舍又是兔笼（和一般兔笼不同），因此既要符合兔舍建筑的基本要求，又要符合兔笼设计要求。其建筑要求如下。

①围墙。室外笼养的四周砌围墙，墙高 2.5 米，主要用于防兽害、防盗窃和挡风；要求墙体表面平滑，基底要牢，无砖也可用毛石墙体或水泥预制板。因兔子有打洞的习性，需要在水田边建兔舍时，必须填高地基，并要高出地面 20～25 厘米，开好排水沟，以防雨水及地面水流进入笼舍内，从而保持地面干燥。

②棚顶。棚顶可起防雨雪和保温防暑的作用。要求兔舍顶安全不透水，有一定坡度（除平顶及圆拱外），一般需要 40°～60°，排水性好，隔热性好，结构简单，而且质轻，因此可选用木檩条结构，防水层可用石棉瓦或油毡，瓦下 10 厘米厚的草泥保温层，也可用草泥顶棚。出檐应尽量大些，可防止雨水淋到笼内，夏天还可防止太阳直射兔子。

③兔舍地板。要求致密、坚实、平整、无裂缝，能防潮、保暖。兔舍地面应有一定坡度，并要高出外面 20～25 厘米，以防雨水及地面水流入兔舍内，不硬不滑，有一定弹性。为了适应室外的条件，笼舍防潮，防兽害，最下层笼底至少离地面 30 厘米。

④兔舍门窗。一般要求兔舍窗户占地面 15%，阳光射入

角不低于 30°。兔舍门大小要以能通过饲料车为度并要求结实，能保温。兔舍门窗都设置防兽害的装备。

（2）室内笼养兔舍　室内笼养兔舍的种类很多，各有特色。在北方由于外界气温较低，兔舍应矮些，以利保暖，以双坡式、拱形和不等式为宜；在南方外界气温炎热，为了防暑，兔舍宜高，以敞开式为宜。兔舍建筑材料以砖瓦结构为宜。砖墙，屋顶较厚。舍内地面以三合土（石灰、碎石、黏土按 1：2：4 配合）为宜，应平整、保湿，易干燥。舍内要多开对流窗、天窗，冬季门窗关闭时，可利用天窗抽走舍内氨气和其他不良气体，夏季打开窗门使空气对流。室内兔笼排列应顺屋脊排列成行。如屋向是坐北向南，兔笼也要按南北方向排列，使所有兔笼都能通风透光。

室内笼养兔舍建造形式应根据饲养目的、科学技术水平、自然环境和社会经济条件不同而不同。常见的有以下几种样式的兔舍。

① 敞开式兔舍。兔舍四周无墙壁，房柱可用木材、水泥制成。屋顶可建成双坡式，屋顶盖采用瓦、草等作材料。兔笼安装在舍内两边，中间为走道。这种兔舍通风良好，光线充足，适于高温地区。

② 半敞开式兔舍。这种兔舍内的小气候依靠门窗与外界进行自然调节。兔舍四周有墙，兔笼分别安置在两边的墙上，因此兔舍的墙壁就是兔笼的后壁。承粪板也要安置在兔舍墙壁

上，并通过墙壁探出 13 厘米。在靠近屋顶 10 厘米处开气窗；在每格兔笼的后壁上开 20 厘米×20 厘米的小窗，供通风透光用；在承粪板上的墙壁上开扁平小孔，供排除粪尿用。兔舍中间留有 130 厘米宽的走道，地面用水泥或三合土做成拱背形，屋顶可用砖砌，屋顶上还用瓦盖成隔热层，隔热层要有一定的倾斜度，以便排水。这种兔舍便于饲养管理，通风透光良好，有利于机械操作，但要注意防鼠害。舍内兔笼的层数，一般以双层设置为宜。

③ 封闭式兔舍。这种兔舍四周是封闭的。国内外一些较大的兔场常采用这种形式，此种兔舍的通风、温度、湿度和光照，均通过相应的设备由人工控制或自动调节，以创造理想的人工小气候，满足家兔的生长需要。此外，还可以自动给料、饮水、清粪。这种兔舍养兔一般能提高生产水平和劳动生产率，能使长毛兔获得高而稳定的增重率和对饲料的消耗率，同时有利于防止各种疾病的传播。但必须注意按兔的需要，严格控制温度、湿度、光照和通风量。采用这种兔舍一次性投资大，运行费用高，应慎用。

（四）兔笼及其设备

1. 兔笼

笼养兔的优点除了可以充分利用空间，便于定时、定量饲养和科学管理，防止兔与兔之间相互斗殴，还便于观察记录兔的饮食、健康、发情、配种、产仔、哺乳等情况；笼内设置草架，防止粪尿污染饲草，有利于节省饲料和保证兔体健康；便于预防接种和注射，投药和跟踪观察治疗情况；还可实行有计划的选种选配，防止兔间滥配杂交，有利于品种的提纯和选育质量的提高。兔笼的大小、式样可参考兔笼建筑内容而定；兔笼制作设计要求因地制宜，就地取材，造价低廉；符合兔的生理习性，耐啃咬，耐腐蚀，经久耐用；便于饲养管理，易于清扫、消毒，有利于卫生防疫，且易维修，采光通风良好，能够防范其他兽类侵袭。兔笼设计应符合长毛兔的生理要求，造价低，经久耐用，便于操作，利于洗刷。

2. 兔笼各部件的制作

（1）兔笼大小　兔笼的大小规格可根据长毛兔的品种、性别、年龄、生产方向等来确定，总的要求以长毛兔能够在笼中自由活动为原则。一般种公兔的兔笼可以酌情放大些。单养兔笼规格为长 50～60 厘米、宽 30～45 厘米、高 35～45 厘米；种兔笼（产仔、哺乳箱）为长 80～120 厘米、宽 50～70 厘米、高 40～50 厘米，兔笼四周及顶网眼为 2.5～4.0 厘米，可用 14 号铁丝制作，如用竹条作漏粪板，用于仔兔间隙为 0.6 厘米，成兔 1.3～1.5 厘米。也可以按照成年兔的体长计算：笼长为兔体长的 2 倍，笼宽为体长的 1.3 倍，笼高为体长的 1.2 倍。也可视兔一般成年后的体格大小稍有变动，但不宜相差过大。

（2）笼门　兔笼门面可用竹片、打眼铁皮或铁丝网等制成，笼门应结实，安装要紧闭灵活、严密，兔舍的门窗都要有防兽害的装备，以防野兽侵害。一般兔笼的笼门开在兔笼的前面，应左方相连，右方启闭，以便操作。室外笼养的笼门不宜过大，以防冬季寒风或夏季暴雨的侵袭。食槽、草架等最好装在笼门上或前壁笼网上，这样可不开门喂料，不仅投料方便而且节省时间。

（3）笼壁　兔笼壁可用竹片、杂木板条或砖石水泥砌成。笼内必须光滑，既使兔子啃咬不到，又可避免钩脱兔毛。用竹片材料，竹片间距离以1厘米为宜，过宽不能防兽害，过窄不利于通光透光，装钉从里面向外钉，使兔子啃咬不到。

（4）笼顶　室外笼养的笼顶应能防雨、防晒、防雪、防风，笼顶前后都要有笼檐，前檐要宽些。笼顶的材料可用砖瓦、预制板、水泥板、石棉瓦、油毡、石板或用茅草等编织而成，以能冬防寒、夏防暑为好。笼顶一般以三合土上面涂水泥为好，冬暖夏凉；用水泥板、石板时，上层兔笼最好要升高一些，以利防暑。室内笼养的多层兔笼，除最上面的一层兔笼外，下面的每一层笼子的笼顶都要求结实、轻便，不漏粪尿，而且要前顶高、后顶低，有利于粪尿流入排水沟。

（5）笼底板　对笼底板的要求是使兔粪易于掉下，长毛兔行走方便，便于清洗，可用平直、宽窄均匀的竹片、板条钉制，使其光滑干燥，不积水，便于洗刷。每个竹片或板条宽以2.5厘米为宜，每条间隔1厘米，方向与兔门垂直，这样可防止兔脚两侧呈八字形。笼底板应安装成活动的，以便于取下刷洗消毒。

（6）承粪板　多层笼每两层之间有一承粪板，安装在笼底下面，它既承接上层兔排泄的粪尿，又作下层笼的上顶盖。因负重不大，可用2厘米厚的水泥预制板建造，或用平整的薄石板，或砖砌。砖砌后表面需抹一层水泥，以利于清扫。为避免上层笼的粪尿溅污下层笼，第二层笼的承粪板应伸出笼外10厘米左右，第三层的承粪板应伸出笼外20厘米左右，并且承粪板有一定坡度，便于尿粪流入粪沟内。承粪板和笼底板之间应留有5厘米以上距离，便于清洁管理和通风透光，防止粪尿堵塞笼底板。

3. 兔笼的形式

兔笼的形式多种多样，一般可分为活动式和固定式两种。不论活动式还是固定式兔笼都应考虑防止鼠类等钻进笼内危害长毛兔，哺乳母兔和仔兔的兔笼尤为重要。

（1）活动式兔笼　活动式兔笼多为单层设置，规模化的养兔场成批生产可采用双层和三层兔笼，常见的有单层活动式兔笼、双联单层式兔笼、单间重叠式兔笼和双联重叠式兔笼。

① 单层活动式兔笼。根据各地所用材料的不同，可用竹子、木头做成支架，四周用竹片、铁丝网或木条等钉制而成，各竹片之间的距离为1厘米（图5-1）。这种兔笼构造简单，非常轻便，可随意搬动，但利用率低，仅适宜于养少量兔和室内外结合笼养。

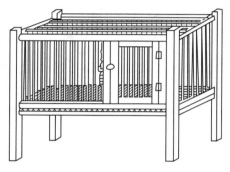

图5-1　单层活动式兔笼

② 双联单层式兔笼。在木架或竹架上钉上竹条和木条，笼门开在上方，两笼之间放置一"V"形草架，笼的大小与一般兔笼差不多，笼底没有承粪板，粪尿直接漏在地上（图5-2）。这种兔笼造价低，管理方便，适宜室内使用。

③ 单间重叠式兔笼。在木架上钉竹片，前方开门，门应左右相连，笼底下安装可随时拆卸的承粪板，板上最好涂一层沥青，以防粪尿侵蚀。笼底和笼壁都有竹片，最上面一层兔笼前后高相等，以下各层则前高后低（图5-3）。

这种兔笼占地少，清扫容易，操作方便，易于控制疾病，

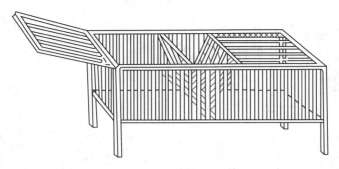

图 5-2　双联单层式兔笼

节省人力，也容易保持兔舍卫生，适宜于室内笼养种兔和大型兔场用。

　　④ 双联重叠式兔笼。这种兔笼为双联单层式兔笼与单联重叠式兔笼相结合的设计，结构合理（图 5-4）。这种兔笼占地少，能充分利用空间，适宜于大型兔场使用。其缺点是笼底和承粪板过于接近，不利于清扫粪便。因此，在机械化程度不高的情况下，一般以双层为宜。

　　（2）固定式兔笼　固定式兔笼可设双层或三层。人工操作条件下，以双层为宜，这种兔笼构造简单，造价低，便于管理，适于养兔场采用；机械化养兔的兔笼以三层为宜，能利用空间。固定式兔笼有固定式双层兔笼、阶梯式兔笼、机械化多层兔笼。

　　① 固定式双层兔笼。每列兔笼的两端和间壁用火砖砌成，背面可倚兔舍的墙，间壁前面上下处留 3 厘米的缺口，正好把正面闸装上，尿槽到间壁前后两端突出 3 厘米，以便承架笼

图 5-3 单间重叠式兔笼　　　　图 5-4 双联重叠式兔笼

底。正面闸大小由笼的长度而定，木架两端应比笼长 3 厘米，

以便架到间壁上留下的缺口。闸的一端开一笼门，宽 33 厘米，

笼底大小与笼内长度相等，使正面闸与笼底能随时放进、抽

出，容易拆洗。

②阶梯式兔笼。可分为全阶梯式兔笼与半阶梯式二种。

全阶梯式兔笼：在兔笼组装排列时，上、下层笼体完全错

开，粪便直接落入笼下的粪尿沟内，不设承粪板。饲养密度较

高，通风透光好，观察方便。由于层间完全错开，层间纵向距离大，上层笼的管理不方便。同时，清粪也较困难。因此，全阶梯式兔笼最适宜二层排列和机械化操作。

半阶梯式兔笼：上、下层兔笼之间部分重叠，重叠处设承粪板。因为缩短了层间兔笼的纵向距离，所以上层笼易于观察和管理。较全阶梯式兔笼饲养密度大，兔舍的利用率高。它是介于全阶梯式和重叠式兔笼中间的一种形式，既可手工操作，也适于机械化管理。因此，在我国有一定的实用价值。

③ 机械化多层兔笼。可以实现喂料量、喂料时间、吃料定时的精确控制，又能实现喂料定时后的剩余饲料的全部清空。

二、 用具

要养好兔，除了建好兔舍外，还应准备食槽、草架、饮水器和产仔箱等用具。

（一）食槽

兔用食槽类型有各种各样的，一般都制成长方形、圆形或半圆形。要求大小适中，槽内光滑，易于投食和便于兔采食，不浪费饲料，利于清洗和消毒。可用瓷盆、水泥盆、小木盆、竹筒等作食槽。笼饲成年兔食槽一般用陶瓷食槽，但最好用镀锌铁皮特制成长 20 厘米、宽 6 厘米、半径为 13 厘米的扇形食盒，一头为活轴固定在笼门上，填完料推入笼内，既方便实用，又可防止兔子倒翻饲料，并能减少兔粪尿秽水污染，保持饲料干净。机械养兔场多用自动给食器，如果需要固定在笼门上，最好设计成可随时拆卸的活动式，投料时也不需要打开笼门，且不易损坏。

（二）草架

如果直接把草放在笼内喂兔，边吃边踩，饲料浪费大，而且草梗塞在底板上不易清扫，尤其对兔毛的污染、损伤更为严重，所以应在笼门上或两笼之间安装草架，以减少饲料浪费，保持清洁卫生，尤其晚上可加足夜草，对兔的生长发育有利。草架一般可用较粗一点的铁丝编成长 20 厘米、宽 10 厘米的棱锥形状，内侧双眼 4 厘米左右，外侧可稍密一些，防止漏草。也可用木架、竹片钉成"V"形草架。架长 1.3 米，高 70 厘米，上口宽 50 厘米。在群饲的情况下，可根据栏内散养兔的数量适当地将笼门前的草架规格放大，或者把饲草放在网眼较大的筐中吊起来，使之离地面 30～40 厘米，这样既可防止兔践踏污染饲草，又可在一定程度上促进兔的运动，是一种比较适用的饲喂方法。小型兔场和家庭笼养兔可安装兔草架，集约化大型养兔场因饲喂全价颗粒饲料，可不设草架。

（三）饮水器

水是兔体消化吸收的介质，既参与细胞的化学反应，又是调节体温的重要物质。因此，每日必须给兔子足够的清洁饮水。兔的饮水器具形式多样，常见且耐用的是一种比较重的瓦盆，经济方便，但易于损坏。笼养兔较常用一个倒置的塑料瓶或玻璃瓶，在瓶口上或瓶塞上安装一条橡皮管，将瓶固定在兔笼外面，橡皮管伸入笼内，利用大气压力将水从瓶内压出供兔饮用。其优点是不占笼内面积，饮水不易被污染，也不会打湿兔的下颌，但清理、换水和安装稍嫌麻烦。乳头式饮水器原理同瓶式饮水器，形状像乳头，可供家兔自由吸吮，既防污染，又节约用水。栅饲或地平面养兔，多采用"V"形长槽，属于开放型饮水器。水槽高6～8厘米，上口宽10～12厘米，长1～1.5厘米。水槽可用镀锌铁板制作；也可简单地用毛竹制作，将毛竹一劈为二，两端做好防翻倒、防漏水处理；也可用木材、塑料制作。在机械化程度较高的兔场使用阀门式自动饮水器，当兔饮水时，兔嘴一接触到这种饮水器的控制舌，控制舌即失去压力而打开，使饮水不断通过导水管流到饮水碗里。该饮水器能使兔饮水自如，卫生，管理方便，还能减少疾病的传播。但这种饮水器需一定的投资，还要有专门的供水系统。若管中残存的水不能及时排出，容易增加兔舍内湿度，并使水变质，影响兔的健康。

（四）产仔箱

产仔箱是母兔产仔、哺育仔兔和初生仔兔生长的地方。产仔箱要求轻便、保温、隔热，若家庭少量养兔，可用硬纸箱代替，而兔场则需有专门的产仔箱。我国多用木质产仔箱，产仔箱内外、四周及箱顶、箱底都要求光滑，以免母兔出入时乳头被磨伤或仔兔活动时摩擦致伤。边缘部分用铁皮包上以防哺乳母兔啃咬。铁皮做产仔箱，应有纤维板或木板作底板，以利于保暖。产仔箱一般分里外两间，外间供母兔活动和采食，里间可适当小些，要避光、防风、保温（温度以30℃为宜），并设置有活动的小门，便于观察仔兔的状况。箱底开几个小洞，便于尿液流出。产仔箱大小，要以母兔易于哺乳和仔兔不易爬出箱外为准，大型肉兔和毛兔的产仔箱通常要比中型肉兔和毛兔的大些。产仔箱的形式，有置于笼内的，有挂于笼门前的，还有放在笼底部的等多种。不论采用何种形式的产仔箱，都用纤维板、木板作箱底，上面再铺上一层厚厚的褥草、木屑等，不宜采用单层铁片，还必须保持干燥清洁，以利于预防疾病。木制的产仔箱没有金属的好，因为它会吸收水分和尿液，容易被长毛兔咬坏。

由于兔的品种不同和各地条件的差异，产仔箱的规格和形状也各不相同。我国多用木制产仔箱，其有两种形式。一种是平口式产仔箱[图5-5（a）]，是用1厘米厚的木板制成的四方开口的木箱，箱底有粗糙的锯纹，使小兔走动时不会滑脚，还凿有小洞，以利尿液流出，尺寸为40厘米×26厘米×13厘米。

另一种有月牙缺口，分娩后将产仔箱竖起，使仔兔不易爬出，尺寸约 35 厘米×30 厘米×28 厘米，一面有 6 厘米高的挡板，对面则为月牙形缺口。

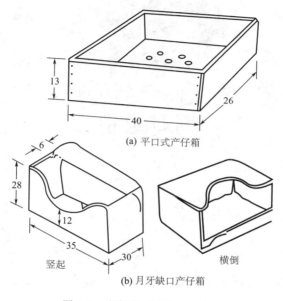

(a) 平口式产仔箱

竖起　　横倒

(b) 月牙缺口产仔箱

图 5-5　产仔箱（单位：厘米）

第六章 长毛兔的营养与饲料配制

一、 长毛兔的营养

长毛兔所需的营养物质是保证长毛兔健康和发挥正常生产性能的基础，家兔所需要的各种营养物质，包括能量、蛋白质、脂肪、维生素、无机盐、纤维素和水分等。这些营养物质均来自于饲料。

长毛兔的一切生命活动都需要能量。据试验测定，生长兔体重每增加 1 克，需要可消化能 39.75 千焦；每增长 1 克蛋白质，需要可消化能 47.7 千焦；每增长 1 克体脂肪，需要可消化能 81.17 千焦。为了维持长毛兔的健康和正常的生产性能，每千克日粮中，饲喂妊娠母兔、泌乳母兔的日粮应含可消化能 10460～11290 千焦，饲喂产毛兔的日粮应含可消化能 10040～

10880 千焦。

能量的主要来源是饲料中的碳水化合物、脂肪和蛋白质。碳水化合物可分为无氮浸出物和纤维素，无氮浸出物是指可溶性碳水化合物，包括淀粉和各种糖类，是能量的主要来源。长毛兔对玉米、小麦、大麦、稻谷等谷物饲料中碳水化合物的消化率可达 70%～85%；对豆科籽实中的蛋白质和粗脂肪的消化率可达 80%～90%。

值得注意的是，日粮中能量不足会导致长毛兔消瘦和生产性能下降。但是，日粮中能量水平偏高，也会因大量易消化的碳水化合物由小肠进入大肠，出现异常发酵而引起消化道疾病。同时，因体脂沉积过多而肥胖，对繁殖母兔来说会影响其雌性激素的释放和吸收，从而损害其繁殖机能；公兔过肥则会造成性欲减退、配种困难和精子活力下降等。过高的能量供给不仅造成浪费，而且对毛的产量和质量也会产生一定程度的不良影响。因此，在生产中适当控制日粮的能量水平，对养好长毛兔种兔，保障其繁殖机能极为重要。

1. 能量饲料

能量是一切生命活动的基础，能量饲料是指饲料干物质中粗纤维含量低于 18%、粗蛋白含量低于 20% 的饲料。这类饲料是长毛兔日粮中的主要能量来源。

谷物类籽实主要包括玉米、小麦、大麦、稻谷、高粱等。

玉米是长毛兔日粮中最常用的能量饲料之一，适口性好，含能量高，用量可占日粮的 10%～20%。谷物加工副产品主要包括麦麸、米糠、高粱糠、玉米糠等。麦麸营养丰富，适口性好，含有适量的粗纤维和硫酸盐类，是长毛兔的良好饲料来源，但具有轻泻作用，日粮中的用量为 10%～15%。糖、酒加工副产品主要包括酒糟、糖蜜、甜菜渣、豆渣等。在长毛兔饲料中添加适量糖蜜可明显改善饲料的适口性和颗粒料的质量，其喂量可占日粮总量的 3%～6%。

无氮浸出物含量较高。一般谷物类籽实无氮浸出物含量占干物质含量的 71.6%～80.3%，糠麸类含量为 53.2%～62.8%，消化率高达 70%～96%，含能量较高。谷物类籽实，每千克含消化能 10.46 兆焦以上；米糠、麦麸等，每千克含消化能 10.87 兆焦以上。矿物质元素中，磷、铁、铜、钾等含量较高，钙含量较低。但磷中约有 70% 的植酸磷，吸收利用率较低。所有能量饲料都缺乏维生素，但因有体积小、粗纤维含量低、营养价值高等特点，是为长毛兔提供能量的主要饲料。

蛋白质含量较低。谷物类籽实蛋白质含量为 6.9%～10.2%，糠麸类含量为 10.3%～12.8%，所含必需氨基酸不全，赖氨酸、色氨酸、蛋氨酸含量较低。

谷物类饲料对长毛兔的适口性顺序为小麦、大麦、稻谷、玉米。高粱因鞣酸含量较高，饲喂时应有所限量。不同种类的能量饲料其营养成分差异很大，配料时应注意饲料种类的多样化，合理搭配使用。应用能量饲料时，为提高有机物质的消化率，最好粉碎后，搭配蛋白质、矿物质饲料等加工成颗粒料饲喂。能量饲料因粗纤维含量较低，特别是玉米，日粮中用量不宜过多，以免导致胃肠炎等消化道疾病。高温、高湿环境很容易使精饲料发霉变质，黄曲霉素对长毛兔有很强的毒性，饲用时应特别注意。

2. 蛋白质饲料

蛋白质是生命活动的物质基础，蛋白质饲料是指饲料干物质中粗蛋白质含量在 20% 以上的饲料。蛋白质饲料在长毛兔日粮中所占比例不高，但对长毛兔的健康和生产性能具有重要作用，是长毛兔日粮中不可缺少的营养成分。

植物性蛋白质饲料主要包括豆粕、豆饼、花生粕、花生饼、棉籽粕、棉籽饼、葵花籽饼等。豆类及各种油料籽实经浸提法取油后的副产品统称为粕类，压榨法取油后的副产品统称为饼类。压榨法的脱油率低，饼类内残留 4% 以上的油脂，可利用能量高。浸提法多采用有机溶剂来脱油，粕类中残油少，比饼类容易保存。动物性蛋白质饲料主要包括渔业、肉食及乳品加工的副产品，常用的有肉骨粉、鱼粉、蚕蛹粉、羽毛粉等。动物性蛋白质饲料品质好，消化率高，钙、磷比例适宜。微生物蛋白质饲料又称单细胞蛋白质饲料，主要包括酵母、藻类等，常用的饲料酵母有啤酒酵母、石油酵母、纸浆废液酵母等。长毛兔日粮中添加适量饲料酵母，有助于促进盲肠微生物的生长，防治胃肠道疾病，提高饲料转化率和生产性能。一般日粮中的添加量以 2%～5%为宜。

植物性蛋白质饲料粗蛋白质含量占干物质的 20%～40%，动物性蛋白质饲料粗蛋白质含量为 40%～80%，饲料酵母的粗蛋白质含量为 50%～55%。植物性蛋白质饲料适口性较好，赖氨酸含量较高。动物性蛋白质饲料氨基酸组成平衡，尤以蛋氨酸、赖氨酸含量最丰富。植物性蛋白质饲料粗纤维含量较低。动物性蛋白质饲料不含粗纤维，而富含脂肪及蛋白质，故能量价值高（每千克含消化能 14.25 兆焦）；矿物质元素、维生素含量丰富，尤以钙、磷及 B 族维生素含量较高，消化率高。植物性蛋白质饲料消化率为 70%～85%，动物性蛋白质饲料则达 80%～90%。

蛋白质饲料如果储存不当，易发生霉、酸、腐败等变质，长毛兔误食后易引起中毒死亡。动物性蛋白质饲料来源少、价格高，应合理使用，一般喂量只占日粮的 3%～5%。生豆饼中含有抗胰蛋白酶因子和脲酶等有害成分，菜籽饼带有辛辣味，适口性较差，且含有硫代葡萄糖苷等有毒物质。大量饲喂易引起兔子腹泻、甲状腺肿大和泌尿系统炎症等。鱼粉、血粉适口性较差，大量喂用蚕蛹粉会明显影响长毛兔的食欲，一般用量应控制在 2％～3％。优质鱼粉，色金黄，脂肪含量不超过 8％，含盐量 4％左右，干燥而不结块；劣质鱼粉，有特殊气味，呈咖啡色或黑色，不宜喂兔。

二、 长毛兔的饲料配制

新鲜的青绿饲料，如水分过大，应稍加阴干再喂；如混有泥土或被粪便污染，喂前要用清水洗干净，最好用千分之一的高锰酸钾溶液消毒；如已变质，则不宜再喂，以免引起中毒。对喷过农药的蔬菜或牧草，即使要喂，至少应隔 10 天，以确保安全。

如把青绿饲料制成干草粉，应在牧草孕蕾期或开花期营养价值较高时及时收割晾干打粉。干草粉可拌入米糠、麸皮、豆渣等精料中饲喂，也可储存密封起来在雨季利用，储存时要注意保持干草粉的绿色和青香味，防止受潮变质。

利用粗饲料，如稻草、麦秆、玉米秆、玉米芯、豆壳等，可打成粉，在冬季和精饲料混合饲喂。

利用谷物作精饲料，如大豆、小麦、燕麦、玉米、高粱等，应进行粉碎或压片，以提高消化率。大豆加工后，用水浸泡，待变软后再喂给长毛兔，以便咀嚼。如制成豆浆饲喂，效果更好。豆渣要压去水分，再与含纤维素高的饲料（如麸皮、干草粉等）混合调制。豆饼或其他油饼，喂前也应加工粉碎，并用水浸泡 1～2 小时。

多汁饲料，如马铃薯、甘薯等块茎、块根及瓜果等，喂前要用水洗净，制成片或丝，和干草粉、麸皮等混合饲喂，效果好又可防止浪费。

饲喂青贮饲料，要防止腐烂发霉，严禁在室内长期堆放，要随用随取，冬季与干草粉搭配喂兔，效果较好。

在长毛兔繁殖、育种及冬季缺青阶段，把几种饲料合理搭配制成混合饲料，营养全面，饲喂效果较好。

平时饲料配方：干草粉70%、玉米粉10%、麸皮16%、骨粉3%、食盐1%，加水适量。

孕兔配方：玉米渣15%、玉米皮15%、高粱10%、麸皮30%、豆饼25%、骨粉2%、鱼粉2%、食盐1%。另加100%的干草粉，水适量。

常用的长毛兔饲料配方如下。

配方1

	仔、幼兔生长期用	青、成年兔种用
花生秧/%	40	46
玉米/%	20	18.5
小麦麸/%	16	15
大豆粕/%	21	18
骨粉/%	2.2	2
食盐/%	0.5	0.35

进口蛋氨酸/%	0.3	0.15
进口多种维生素	12 克/50 千克料	12 克/50 千克料
微量元素	按说明	按说明
另加球虫药	按说明添加	按说明添加

配方 2

	仔、幼兔生长期用	青、成年兔种用
苜蓿草粉/%	30	40
玉米/%	—	21
麦麸/%	32	24
大麦/%	32	—
豆饼/%	4.5	4
胡麻饼/%	—	4
菜籽饼/%	—	5
骨粉/%	1	1.5
食盐/%	0.5	0.5
硫酸锌/(克/千克)	0.05	0.07
硫酸锰/(克/千克)	0.02	0.02
硫酸铜/(克/千克)	0.15	—
多种维生素/(克/千克)	0.1	0.1
蛋氨酸/%	0.2	0.2
赖氨酸/%	0.1	—

肉兔配方	仔兔料	成兔料
花生秧 / %	40	38
玉米 / %	20	23
麦麸 / %	18	18
鱼粉 / %	2	2.5
豆饼 / %	11	9
花生饼 / %	5	5
骨粉 / %	2	2
食盐 / %	0.5	0.5
矿物质添加剂 / %	1	1
赖氨酸（蛋氨酸）/ %	0.5	1

第七章 长毛兔的饲养管理

第一节 普通长毛兔的养殖技术

一、长毛兔饲养管理的一般原则

（1）家兔是食草动物，喜食青绿饲料。在饲喂青粗饲料的基础上，再合理地补充精饲料，以满足家兔的营养需要。养兔切忌饲喂单一饲料。饲料多样化并合理搭配，饲喂家兔要定时定量。幼兔消化机能差，要少食多餐，每餐喂八九成饱。雨季水分多，湿度大，要多喂干料，适当喂些精料，以免腹泻。粪便太干时应多喂多汁饲料；粪便稀时应多喂干饲料。变换饲料应逐渐进行。一般晚上应给兔加喂 1 次草料，特别是冬季夜长，更应多喂一点草料，并保证饮水的供应。

（2）家兔怕热，兔舍最适温度 5～30℃。夏季要防暑，门窗要打开，通风散热。同时，喂给清洁淡盐水；冬季气温低于0℃时，应采取措施，保持兔舍适当的温度。雨季要防潮，保证兔舍干燥。

（3）家兔喜静，要环境安静。母兔在分娩、哺乳、配种时，要尽量避免骚扰，还要防止兽害。

（4）保持兔舍内清洁、干燥，及时清理粪便，定期刷洗笼具，定期消毒，保持空气流通，使病原微生物无法繁殖，以预防疾病。

（5）分群便于管理。应按家兔品种、年龄、性别、生产方向、强弱等分群饲养。对于青年兔和成年兔宜单个笼养，幼兔可 2～3 只 1 笼。对个别体弱的家兔，需要单笼饲养，加强管理，以利于恢复健康。

（6）正确抓兔方法。一手抓住兔的颈背皮肤，另一只手扶躯体后从背部托起臀部，使兔的体重落在托兔的手上（图 7-1），切忌拎耳或提足或拖后腿和腰部的捉兔方法，防止造成兔耳朵麻痹或后腿脱臼，腰部损伤或被抓伤。

二、 各种类型长毛兔的饲养管理

（一） 仔兔的饲养管理

从出生到断奶这段时期的小兔称为仔兔。仔兔机体生长发

图 7-1　正确捉兔示意图

育不完全，缺乏对外界环境变化的调节能力，适应性差、抵抗力弱。因此，对仔兔必须精心饲养管理，以提高仔兔成活率。

（1）注意让仔兔早吃初乳　母兔分娩后最初 1～2 天分泌的乳汁叫初乳。初乳与正常乳不同，其营养丰富，含蛋白质、维生素、矿物质较高，是全价易消化的食物，而且初乳中还含有一种免疫抗体，能增强仔兔抵抗某些疾病的能力。初乳中还含有镁盐，可促使胎粪及时排出，所以初乳对仔兔来说是不可缺少的。如果母兔的乳房有病，可喂别的母兔的初乳。

（2）细心观察仔兔的哺乳情况　仔兔出生 24 小时后，应该进行 1 次检查，将仔兔一一取出察看，检查仔兔是否吃饱奶，吃饱奶的仔兔其胃壁丰满，腹部微白色，没有皱纹；没有吃饱奶的仔兔，腹部空，有皱纹。仔兔没有吃饱奶的原因是同窝的仔兔头数太多，有的仔兔身体特别弱，抢不到奶吃。发现这种情况要把母兔捉来，强制哺乳。这一餐很重要。如果继续饿下去，仔兔会失去吸乳能力而死亡。如果发现全部仔兔腹部都是空的，证明母兔没有哺乳，要查明原因。青年兔不懂哺乳时，可强制哺乳；乳房有病的可边治疗、边强制哺乳；产后无乳只能请保姆兔代喂。选择保姆兔应当注意以下几方面：两母兔最好是同日分娩或先后不差3天；保姆兔要选择体格健壮无病，乳汁充足，母性强的；交保姆兔代喂，最好在仔兔开眼之前；开眼后应在保姆兔鼻部涂上仔兔尿或将保姆兔尿涂在寄养仔兔的阴部。

（3）采取人工哺乳　仔兔如果吃不上奶，又无保姆兔代养时，必须采取人工哺乳。其方法可用普通的眼药水瓶，洗净消毒后，头上安上橡皮管，插入仔兔口中，慢慢地滴下去，每天1～2次，开始喂少量，逐步增加，喂饱为止。喂时要仔细，过急过快都会呛入气管而引起死亡。人工哺乳可用牛奶、羊奶、奶粉、豆浆，也可以配制人工初乳（鱼肝油3毫升、鲜牛奶200毫升、食盐2克、鸡蛋1枚，调匀）喂养。

（4）注意保温　初生仔兔全身无毛，不能自己调节体温。仔兔保持37℃的体温，主要靠兔毛、垫草，护理仔兔要注意保温措施，一般到11日龄时，体温才能稳定。母兔没有找回失散仔兔的能力，所以要经常把离群的或掉在产仔箱外的仔兔找回箱内，以免冻死或折断腿。掉在箱外的原因是母兔乳汁不够，仔兔吸吮不肯松口，母兔离开箱时把仔兔带出。如发现仔兔掉出箱外要及时送回，如果仔兔受冻，在未冻僵时，可采用以下急救办法。

① 水浸救法。将热水放入盆内，水温要求 40～45℃，不可过热，把仔兔全身浸入水中，仅露出鼻孔呼吸，用手指托着仔兔的头部，在水中慢慢摆动，经几十分钟，仔兔即出现蠕动，发出叫声，这时可将仔兔拿出，用干毛巾将水擦干，与其他仔兔放在一起。

② 毛巾裹暖法。用干净柔软的布或毛巾包裹仔兔，将头露在外面，放在炉边或装有温水的热水袋上，不断翻动，等待仔兔蠕动发出叫声后，即可放回原群。

③ 体温取暖法。靠其他仔兔的体温来抢救，对于受冻但四肢仍会动的仔兔可用此法。将受冻仔兔放在同样大小或稍大一点的仔兔中去，用毛巾将此窝全部盖上，不可盖得过厚，以防闷死，2～3 小时后，受冻仔兔会复苏。

（5）仔兔开眼前、后的饲养管理　仔兔在开眼前称为睡眠期，在此期内应注意安静。仔兔开眼后，能见到东西，非常活泼，看见母兔就追逐，因此也叫追乳期。仔兔很贪食，但消化力弱，在 20 天内以乳汁为主，兔乳营养丰富，此时不需要补加其他饲料，仔兔出生后发育很快，增重 1 克约需母乳 2 克。出生 21 天后，仔兔开始自由采食，此时应将产仔箱横放，便于仔兔自己出入，适当喂饲幼嫩青绿饲料、易消化混合料及矿物质饲料，有条件可喂些牛奶、豆浆。

（6）适时断奶　仔兔到40～45天断奶，如果不断奶，母兔身体会被拖坏。断奶可以分批进行，每天1～2只，体壮的先断，体弱的可延长几天。断奶时要减少母兔精料及多汁饲料，增加盐的喂量，使乳腺机能减弱。断奶仔兔易患腹泻，要注意供给新鲜易消化的饲料，同时料中加入木炭粉、磺胺胍，还应注意仔兔的保暖和清洁工作。

（7）母兔、仔兔要分笼饲养　仔兔出生后，将仔兔连同产仔箱一起拿到另一笼内，与母兔分居，生后18～20天内，每天早晚2次把产仔箱拿到母兔笼中哺乳2次，然后取回，20天后仔兔自由采食，每天哺乳1次，另喂柔软易消化的饲料，要供给足够的饮水，30日龄断奶，分笼饲养法的优点如下。

① 母仔同笼饲养，母兔整天被仔兔追随哺乳，吃食也不安静，得不到休息，产后恢复慢，同时容易发生踏死或咬伤仔兔的现象。分笼饲养后，母兔可在集中时间哺育，这样，母兔有更多的时间自由采食和安静休息，健康恢复快，一般产后1～3天可发情配种，35～40天生产1次，可大大提高生产率。

② 母仔同笼饲养，仔兔生后18天左右，开始和母兔争食，不便于分别对待。由于仔兔过早吃粗硬难于消化的饲料，损坏了胃肠的正常生理机能，造成胃肠病。如分笼饲养，则可

避免这种现象的发生。

③分笼饲养，可以减少疾病的传播机会，仔兔健康得到了保证。特别是球虫病，多数是带虫卵的大兔粪便污染食物及笼舍、饮水、乳房，而使仔兔感染。所以分笼饲养，能降低仔兔球虫病、败血病、传染性口炎等病的发病率。此外，饲养人员要仔细观察仔兔的发育情况，耳色桃红是营养良好的标志，耳色暗淡则说明营养不良，要及时采取适当措施，同时要注意适时断奶。如全窝仔兔强弱不均，可采取分批断奶法。此外还须防止野生动物的袭击。

（二）幼兔的饲养管理

断奶至3月龄阶段的小兔称为幼兔。断奶初期，是幼兔生长发育的关键时期，此时，幼兔的消化能力、体温调节机能、神经调节机能及其抵抗力较差，对环境变化极为敏感，所以在管理上对饲养幼兔提出了更高的要求。若饲养管理不当，不仅影响生长发育，降低成活率，而且还影响良种性能的表现、巩固和提高。

（1）科学喂养　幼兔胃肠的容量相对较小，对粗纤维的消化能力较弱，所以要求喂养要有节制，做到定时限量，少吃多餐。喂的饲料应该易消化、体积小、营养价值高，要含有丰富的蛋白质、矿物质、维生素，并要合理搭配饲料。一般每日喂青料3餐，精料2餐，相间喂给，为了增强其抵抗力和防止疾病的传染，可在饲料中加入少量的抗生素，如畜用土霉素、四环素等，饲料成分和喂量要相对保持稳定，随月龄而逐渐增加进行合理调整。幼兔生长快，食量大，必须保证充足的饮水。

（2）加强运动，提高新陈代谢 在此阶段，幼兔生长发育迅速，采食多，可以群饲为主，按照体重大小，身体健康状况，每笼3～4只幼兔。病兔要隔离饲养，每天有1～3小时的笼外活动，除雨天外，夏季在黎明时放，冬季在中午温暖时放，春秋两季早晨放，加强运动。

（3）运动场设在既有阳光又能遮阴的地方 每平方米放幼兔1～2只，20～30平方米，可放幼兔20～40只，但要注意防止咬伤。运动场上应设有草架、食槽，让幼兔任意采食。

（4）应及时进行剪毛 2月龄的长毛兔，正是第1次换毛的时候，要将全身乳毛剪光（冬春气候冷，可以稍留长些），剪毛具有促进血液循环和新陈代谢的作用。

（5）做好卫生防疫工作 幼兔易患球虫病，可在饲料和饮水中合理添加氯苯胍、磺胺等防菌药品和抗球虫病药物，以预防兔病的发生。

（三）育成兔的饲养管理

从3月龄到初配这一时期的兔称为育成兔。此期可从中选择优良的种公、母兔。种用的兔1笼饲养1只，编号登记。不适合种用的公兔，经阉割后归入产毛兔群中。育成兔的饲养管理要求如下。

（1）采取科学饲养方法　育成兔阶段生长发育快，主要是生长骨骼和肌肉，因此，日粮中要补充维生素和矿物质，保证供给兔足够的优质青草和干草、矿物质饲料，一般4月龄内适当增加精料，粗料不限量。5月龄以上，要适当控制精料，不能养得过肥。

（2）要防止早配、乱配　有的公兔3月龄以上已发情，应注意公、母兔分群饲养，也要防止同群互斗、咬伤。

（3）适时阉割　毛用公兔，在3～4月龄时，阉割后生长发育快，毛纤维细而致密，性格温顺，不再咬斗。

（四）种兔的饲养管理

1. 种公兔的饲养管理

种公兔的好坏直接关系到繁殖能力和后代的生产性能。长毛兔的种公兔应选用体格健壮、中等偏上膘情、发育良好、性欲旺盛、精液品质良好的个体。如果公兔过肥，则性欲减弱，配种能力差；过瘦则精液数量少、精子浓度低、活力差，不能使母兔正常怀孕。种公兔的饲养管理应注意以下几点。

（1）日粮营养全价和科学饲喂　种公兔的种用价值首先取决于精液品质，而精液品质好坏与其营养有密切关系。因此，饲料要求营养价值高，易消化，适口性好。种公兔精液中的蛋白质和必需氨基酸均直接取自饲料。日粮中喂给豆饼、花生饼、麸皮及豆科饲料等，能提高精液的品质。若蛋白质含量低会造成采精量少、精子活力低，配种受胎率低。小公兔日粮中缺乏维生素，使其生殖器官发育不全，睾丸组织退化，性成熟期推迟；种公兔日粮中维生素缺乏时，其精液中精子数量少，异常精子数量多。其次，日粮中矿物质特别是磷、钙和微量元素应通过添加剂进行补充，否则将影响精子的正常形成。冬季和早春季节饲草缺乏，应注意给种公兔补充青干草、胡萝卜、大白菜、大麦芽等富含维生素的饲料。不应长期喂给种公兔全部秸秆或大量多汁饲料，否则配种性能差。在种公兔配种旺期最好每天加喂 1/4～1/2 鸡蛋或 5 克左右鱼粉，对改良精液品质大有好处。

（2）加强种公兔管理　家兔性成熟前就应公、母兔分开饲养，以免过早相互爬跨配种，影响生长发育。种公兔和后备公兔的群居性差，好咬斗，宜 1 笼养 1 兔，以免相互殴斗致伤致残，并注意对种公兔卫生保健。发现疾病，应及时治疗，停止配种。如果是传染病，应坚决淘汰，否则会影响多个母兔。母兔配种时应将母兔捉到公兔笼内，不能把公兔捉到母兔笼内，因为公兔离开了自己熟悉的环境，或突然感到气味不同，会抑制性机能活动，容易精力不集中，影响配种效果。种公兔的配种次数一般 1 天 2 次为宜。6～7 月龄青年兔初配每天 1 次为宜。种公兔每次配种应有详细的配种记录，并观察其后代品质，以便更好地做好选种配种工作。配种 2 天休息 1 天，防止连续滥配。换毛期消耗营养多，不宜配种。如果配种则会影响长毛兔身体健康和受胎率。

2. 种母兔的饲养管理

（1）空怀长毛母兔的饲养管理　空怀母兔是指性成熟后或仔兔断乳后到再次配种受胎之前这段时间的母兔，也称休产期母兔。由于空怀期母兔哺乳期消耗了大量养分，一般体质较差，因而需要供给优质青料，使其得到足够数量的粗蛋白、矿物质和维生素等，以恢复中等膘情体况，使空怀母兔正常发情排卵配种，提高配种受孕率。但空怀母兔不能饲养得太肥或过瘦，此外，还要为空怀母兔提供合适的环境温度和湿度，充分光照，并要加强运动。

（2）妊娠母长毛兔的管理　母兔妊娠期为 30～31 天，在妊娠前 15 天称为妊娠前期，胚胎生长速度慢，需要的营养物质较少，饲养水平稍高于空怀长毛母兔即可。妊娠后期胎儿生长发育很快，其增重量大约等于初生仔兔重量的 90%。需要足够的各种营养，因此母兔在妊娠期特别是妊娠后期，必须逐步提高营养水平和喂料量，供给充足的蛋白质、矿物质和维生素等营养，可增强母兔体质，促进胎兔生长发育，提高母兔的泌乳量。妊娠 28 天后大多数母兔的食欲降低，甚至拒食，应补喂母兔喜食的青绿饲料。临产前减少饲料供应量。

妊娠长毛母兔管理工作的重点是细心护理、防止流产。流产一般发生在妊娠后 15～20 天内。引起妊娠母兔流产的原因很多。家兔妊娠期间环境应安静，尽量减少骚扰，如受惊吓、采毛梳毛、粗暴捕捉、追赶碰撞、挤压腹部、不正确摸胎或吃霉烂变质饲料、饮用冰水、患疾病等都能引起妊娠母兔流产。因此，做好上述几方面的预防工作，减少流产的发生，并做好妊娠母兔产前准备工作。临产前 1～2 天要备好产仔箱，消毒后放入笼内。箱内铺上清洁干草。如果有预产期超过 2 天仍不生产的难产母兔，可进行人工催产，注射催产素 1 毫升。产房要有专人看护，科学饲养管理，促进仔兔的生长发育，提高初产仔兔的成活率。母兔产后口渴，应及时供给红糖水。冬季要供给温热清洁饮水。母兔分娩后 1～2 天，体质较弱，食欲和消化能力较差，可以不喂或少喂精料，多喂些鲜嫩青绿多汁饲料。3 天后逐渐加喂精料，但不要突然增加过多。应根据泌乳状况及食量酌量增减。

（3）哺乳母兔的饲养管理　母兔分娩到仔兔断乳需要 40～45 天，这段时间为母兔哺乳期。兔乳含有丰富的蛋白质、维生素（特别是维生素 A）、无机盐等营养成分，哺乳母兔营养消耗很大，需要饲喂足量的营养全价且易消化的饲料。可根据母兔哺乳营养需要，适当搭配一些含硫氨基酸丰富的饲料，如鱼粉、芝麻饼等，或在日粮中另外补饲蛋氨酸（0.1%～0.2%）和适量维生素 A、维生素 E，可大幅度提高母兔的泌乳能力。母兔的乳汁中大部分是水，需要供给哺乳母兔足够的清洁饮水，保证母兔哺乳期有足够的奶水分泌。

哺乳母兔在管理上应注意以下问题。

① 兔舍要保持清洁卫生、干燥通风、光照充足，以保证母兔的健康和哺乳力，并防止母兔扒窝现象。

② 加强临产时的护理，特别注意母性不强（食仔、不哺乳、不进产仔箱产仔、不筑巢等）的兔的护理，减少仔兔不必要的死亡。供足饮水。拉光母兔乳房周围的毛，用高锰酸钾水溶液消毒。

③ 及时给仔兔吃上初乳，必要时人工辅助哺乳。淘汰体弱和畸形的仔兔。每只母兔哺 5～7 只仔兔，产仔多的母兔要跟其他母兔调整。母兔缺乳原因很多，因饲养管理不当造成，需要改善饲养条件，除增加青、精饲料的喂量外，必要时可增加温热稀豆浆、米汤、花生、胡萝卜等催乳；如仔兔少，泌乳多，应适当减少精料喂量。还要勤检查乳房，发现乳腺炎立即治疗，并隔离仔兔。

④ 宜母仔同笼。若母性不好，宜母仔分离，人工辅助管理，一般每天哺乳 1 次。

三、 不同季节长毛兔饲养管理要点及注意事项

饲养长毛兔是以产毛为主要目的。为提高长毛兔的饲料利

用率，增加养殖户的经济效益，不仅要做好日常的饲养管理工作，同时要根据长毛兔在不同时期、不同季节的生长发育情况及发病规律，分别采取相关的应对措施。

1. 春季的饲养管理

春季温度适宜，空气干燥，阳光充足，是家兔繁殖和产毛的最好季节，应有计划地安排生产。同时，由于天气多变，气温不稳，饲料青黄不接等不利因素，加之刚刚度过寒冬，兔体质较弱，所以应注重掌握以下饲养管理要点。

（1）把握好饲料的变换过渡　此时长毛兔正处换毛期，约持续 3 周，体质较弱，消化机能下降，母兔不发情。随着气温的回升，青饲料生长很快，所以应适当增加青饲料和蛋白质含量高的饲料，同时要控制饲喂量，做到逐渐过渡。

（2）做好春季繁殖工作　春季是长毛兔繁育的黄金季节。对于无冬繁条件的兔场更应及时开始春繁，可在 2 月中旬开始，若种公兔前期精液中精子质量差，要实行复配，同时结合及时摸胎、适时补配，避免空怀现象。繁殖种兔应加强营养，加喂一定量的维生素、青绿饲料及蛋白质，促进种兔发情，提高受胎率、繁殖率。种兔应多运动、多接受光照，若光照不足，可以适当增加人工光照。利用有利时机早配多繁。

（3）抓好疫病防控　春季万物复苏，同时气温变化大，也是传染病多发季节。所以，要做好保温工作，笼舍要求清洁干燥、通风，加强笼舍的消毒和环境卫生工作。饲料中加入药物，预防感冒等病的发生。做好兔瘟、兔巴氏杆菌病及球虫病等传染病的预防工作。

2. 夏季的饲养管理

长毛兔皮厚毛密，汗腺很不发达，对高温比较敏感，夏季天气炎热，兔常产生热应激反应，当气温升高至30℃时，一般会出现采食量下降的现象；当气温升高至35℃以上时，会产生呼吸加快、心跳增速、仰头、耳朵发红及呆立不动等现象，如果这时供水不足，便会发生中暑。同时夏季多雨，饲草饲料容易发生潮湿和霉变，若饲养管理稍有不善，极易引发兔肚胀、腹泻等疾病。因此，夏天长毛兔饲养的管理上，应着重掌握好以下技术要点。

（1）选择与利用自然优势，改善养兔环境　首先应注意选择和创造良好的养兔环境，如场地的选择，宜选地势高燥、通风向阳、相对平坦而又稍有坡度的地方；附近有水质良好而水量充足的水源，最好是泉水、溪水或自来水；透水性良好的砂质土壤；位居交通便利而又不临铁路与公路干线、安静和无污染的地方，有利于养兔业的长远发展。

（2）遮阴防暑，减少应激　通常应提前适时在场地周围植树遮阴，舍旁种植如葡萄、丝瓜、瓜姜等藤蔓类植物，高搭凉棚隔断烈日对兔舍的照射，减少热辐射，从而营造有利于夏季养兔的外部环境；高温季节到来之前应对兔群普遍剪毛，以利散热降温。如果发现兔子有流涎、发热、眼球突出、瘫痪及四肢抽搐等症状，即为中暑。这时可迅速将患兔移至阴凉处，以湿毛巾敷于头部，放耳、尾静脉血，同时灌服20～30毫升冷水，内加十滴水3～4滴或人丹5～8粒（研碎）进行急救。

（3）除湿防闷，通风换气　夏季多雨，空气中湿度较大，高温与高湿均不利于家兔的生长繁殖。为此，室外兔舍务必要搭凉棚遮阴；室内兔舍这时则应安装纱窗、纱门，敞开窗促进空气对流。高温天气可在兔的笼舍内放置以井水浸泡过的清洁砖块，外面用塑料袋包装，让兔伏身砖上降温防暑；有条件的可在兔舍安装风扇吹风，以促进散热与换气。对潮湿地面可每天撒些草木灰或干石灰用以吸湿除潮。暴雨天气应暂时关闭窗户，防止雨水洒进室内加重潮湿，并及时排除兔舍周围的积水，以避免室内反潮。

（4）调整饲料及饲喂方法　针对夏季的特点，调整兔的饲料组合、适当减少能量饲料、提高蛋白质饲料的配比，以及增加对青绿多汁饲料的利用等是夏天养兔的一般原则。夏季兔的采食量普遍减少，所以喂料相对要求要精。其日粮中的粗蛋白质含量应略高于以往的标准，而能量则应略低于原来的标准。喂料时间宜改在早、晚气温较低时，即早晨给饲宜早、晚上给饲宜迟、中午宜多给青饲料，以便提高兔的采食量。同时注意供给清洁而充足的饮水。夏季尤应充分利用季节优势多喂青绿多汁饲料，用青绿饲料喂兔时应严格做到以下几点。

① 带露水和水洗过的青饲料不能立即饲喂，应待晾干后饲用，以免兔食后引发肚胀或消化不良。

② 堆放过久而发黄的青绿饲料不宜饲用，避免发生亚硝酸盐中毒。

③ 多汁饲料如南瓜等应当与含粗纤维较高的青草和野菜搭配使用。

④ 毒芹、曼陀罗、毛茛等有毒植物以及刚喷洒过农药不久的田间杂草和树叶等不可用来喂兔，以防中毒。

⑤ 禁止以霉变或被污染的草料喂兔，以免引起兔死亡而造成损失。

（5）降低饲养密度，适时剪毛散热 夏天哺乳仔兔应养在比较宽敞的笼箱中，垫草不宜过多。为了便于散热，最好与母兔分开管理，定时喂奶。断奶幼兔经适应1～2周后，亦应分2～3只1笼或最好1只1笼进行饲养。进入伏天以前应剪毛，此期一般45～50天应剪毛1次，种用兔剪毛应更勤，幼兔断奶后亦应及时剪去乳毛，以利其散热降温，安全度过夏季。

（6）控制配种繁殖，养精蓄锐 夏季兔因采食减少而普遍体质下降，公兔精液品质降低，母兔怀孕后加重负担，均不利于度过伏天。同时还易发生流产、泌乳量减少和拒绝哺乳等现象，无益于仔兔的生长发育。故从长远着想，此期一般应暂停配种繁殖，使种兔得以休息和保存体力，更好地集中进行秋季配种繁殖，提高生产质量。

（7）搞好环境清洁卫生工作　夏季每天至少应清扫兔舍和运动场 1 次，将粪便外适定点做生物发酵处理；笼舍以 5%～10%漂白粉或 1%～2%烧碱水消毒；场地用 20%石灰乳或 10%～20%漂白粉水浇洒消毒；同时注意消灭蚊蝇和鼠害，从多方面搞好环境清洁卫生工作，切断疫病传播途径。

（8）加强疫病防治　在改善饲养管理的同时，应对夏季兔病防治进行统一安排。入夏应酌情进行 1 次预防接种，目前投入使用的疫（菌）苗有兔瘟疫苗、兔巴氏杆菌灭能苗、黏液性肠炎和沙门氏杆菌氢氧化铝甲醛疫苗、魏氏梭菌 A 型灭活苗等。此外，夏季兔易发生肠炎、球虫病、疥癣等，可在饲料中加喂适量大蒜、大葱或氯苯胍、克球粉等药物添加剂，药物要交替使用，预防疫病的发生，确保提高夏季养兔的效益。

3. 秋季的饲养管理

秋季天高气爽，温度适宜，饲料充足、营养丰富，是家兔繁殖和生长的好季节，要把握以下管理要点。

（1）做好秋繁工作，供给种兔优质的青饲料，提高蛋白质的含量和质量。在秋季，应充分利用青草充足的有利条件多储存干草。同时，在收获秋季农作物时，对花生秧、玉米秸秆等要合理晾晒，既要避免晒的时间过长造成维生素减少，又要防止湿度过大引起霉烂。冬季青饲料比较缺乏，为了保证长毛兔的正常繁殖和兔毛生长，有条件的农户，应种植一些适合冬季生长的牧草，以保证长毛兔天天能吃到青绿饲料。另外，除喂给秋季储存的青干草、农作物秸秆外，还应补喂胡萝卜、萝卜等多汁饲料。种公兔的日粮中可加入 3％～5％ 的动物性饲料，以改善精液品质。同时注意人工补光，实行复配，进行早期妊娠诊断，及时补配。

（2）做好消毒防疫工作，兔舍定期消毒。秋季统一注射 1 次兔瘟、巴氏杆菌和魏氏梭菌疫苗，同时在饲料中拌入抗球虫药物。

（3）立秋之后是采收饲草饲料的关键时期，要及时采集储备。

（4）适时剪毛。入秋以后，气温逐渐降低，这种变化虽然对防寒无益，但较低的温度对兔毛生长十分有利，为了防寒，兔体不但会加快兔毛的生长速度，而且会增加细度和密度。在兔毛达到标准时，要选择晴天的中午剪毛或拔毛，剪毛时腹部毛要留得长一点以保护内脏器官不受风寒侵害。露天饲养的长毛兔，剪毛后最好先转入室内饲养 8～14 天，然后再返回原处饲养。

4. 冬季的饲养管理

冬季天气寒冷，日照时间短，缺乏青绿饲料。饲料条件相对较差及为保持体温消耗热能增多等因素，使兔的生长、繁殖均受到极大影响，必须加强饲养管理，要点如下。

（1）做好兔舍保温工作（兔舍保持在5℃以上）。笼舍内铺垫干草，同时要防止寒流和贼风对家兔的袭击，可以关闭门窗、增加热源，有条件者可生炉取暖或自制暖气，同时增加饲养密度，但必须经常通风换气，通风时要选在晴朗的中午，有阳光时放兔运动晒太阳，但要防止兔受寒引起感冒。

（2）增加精饲料和青饲料。冬季寒冷，家兔需要的能量多，且夜长昼短。因此，要增加饲喂量且饲料中适当增加能量饲料比例。冬季须喂一些青饲料，如白菜、胡萝卜等以增加维生素的来源，提高兔的食欲，促进生长，提高繁殖率。针对冬季热能消耗大的特点，可增加20%～30%饲料量。需用热水拌料，且饮用温水，防止肠炎的发生。

（3）冬季繁殖方法可采用塑料大棚、地下或半地下式兔舍冬繁法。采用母仔分离法，即冬季繁殖时把仔兔放在温暖的育仔箱中定时哺乳。初生仔兔适宜温度为30～32℃，随着日龄的增加，兔舍温度逐渐降低，成年兔的适宜温度为10～25℃，舍温应保持在5℃以上，同时仔兔的哺乳期应延长。

（4）冬季严寒，长毛兔一般不宜剪毛，剪毛最好采用部分拔毛的方法，要拔长留短，以免兔受寒感冒。每天拔毛1次，可促进血液循环，促进兔毛生长，提高兔毛质量，增加粗毛比例。注意幼兔、妊娠母兔均不宜拔毛。

第二节　彩色长毛兔的养殖技术

一、笼舍建造和用具

彩色长毛兔以笼养为主。兔笼舍用竹木制成，一般长60厘米、宽60厘米、高45厘米，笼的四角用竹木做成12厘米高的脚。笼底材料要求光滑柔软。笼舍底板用竹木制成，便于清理和消毒，且用翻斗料槽、自动饮水器，便于喂料，饮水清洁卫生。

粉色长毛兔笼舍建造应根据当地条件，做到因地制宜，就地取材，经济耐用，防止长毛兔啃咬破坏。

二、饲养管理

（一）仔兔的饲养和管理

仔兔是指从出生到断奶时段的兔。仔兔生下来就会吃奶。仔兔开眼迟早与发育有很大关系，发育良好的仔兔开眼早，一般出生12天才开眼的仔兔体质往往较差。

饲养重点应抓好仔兔的补料工作，长毛兔出生18天以后就可以开始吃饲料，可以给仔兔喂一些易于消化且营养丰富的饲料，早上哺乳1次，直到28～30天断奶，便能基本适应采食。1～2日龄仔兔饲料：玉米20％、豆饼20％、麦麸15％、

第七章　长毛兔的饲养管理

米糠 15%、草粉 25%、骨粉 3.5%、食盐 1%、生长素 0.45%、矿物质 0.05%。每日喂兔 30～50 克，另补青料 50～100 克，如切碎的青绿草、菜叶等。仔兔胃小，应少吃多餐，均匀饲喂，一般每天 2～4 次，混合精料每天 2 次定时定量。25～30 日龄后的仔兔补充饲料：玉米 30%、豆饼 23%（炒熟粉碎，下同）、麦麸 13.5%、米糠 10%、草粉 20%、骨粉 2%、食盐 0.5%、矿物添加剂 1%，另加青料 200～300 克，要喂新鲜优质的饲料。调换饲料应逐渐增减，饲料在改变时，新换的饲料量应逐渐增加，每天喂 5～6 次。为保证仔兔的健康和防止母兔抢吃仔兔的饲料，半个月后可将母兔和仔兔分开饲养，每隔 12 小时给仔兔喂 1 次奶。开食后的仔兔往往会舔食母兔的粪便，这是仔兔感染球虫病的主要原因，若母兔患球虫病就会感染仔兔，在这一阶段更应注意兔笼的清洁卫生和消毒。仔兔开食后粪便较多，要勤换垫草，并洗净或更换巢箱，否则仔兔睡在湿巢内对健康不利。在饲养过程中不要有大的声响，以免使它们紧张不安，另外还应防鼠害和兽害。

（二）幼兔的饲养和管理

幼兔是指从断奶到 3 月龄这一阶段的兔子。仔兔断奶可采用分批断奶的方法，健壮的仔兔先断奶，体弱的可多喂乳几日，这样可以避免因断奶造成母兔发生乳腺炎。喂幼兔的饲料要易消化，体积小，能量和蛋白质水平高，喂量随年龄的增加而增加，不要突然增加或改变饲料。每天观察幼兔采食情况，是否剩料或不足，酌情增减。喂时要掌握少给多添，青料1天3次，精料1天2次，同时在幼兔的日粮中添加些土霉素、大蒜、洋葱，以提高幼兔对兔病的抵抗力，可以预防疫病。当仔兔移入幼兔群时，应按日龄大小、身体强弱分开，一般每笼3～5只为宜。梅雨季节正是春季繁殖、仔兔大量断奶的时候，饲养管理上如不加注意，就会发生断奶仔兔大批死亡的情况。运动可增强长毛兔的体质。笼养的长毛兔应补加适当的运动，每周放养1～2次，放时自由运动，但时间不宜过长，以免在笼内不安。家兔怕热，怕潮，怕脏，喜欢清洁、干燥、凉爽的环境，因此要给家兔提供一个干燥、清洁的兔舍环境。

（三） 成年兔的饲养管理

幼兔生长到成年称为成年兔。幼兔自3～3.5月龄时开始性成熟，要分笼饲养。家兔是草食性动物，成年兔对青饲料的消化能力很强，因此饲养家兔应以青饲料为主，精料为辅。家兔喜欢吃的青饲料种类很多，如苜蓿、花生秧、甘薯秧、槐树叶、萝卜叶、甜菜、白菜叶以及由上述各种青饲料晒制而成的干草和蒿干、秕壳等；胡萝卜、甘薯、马铃薯、各种水果等是家兔最喜欢吃的多汁饲料；各种植物的籽实以及其加工副产品，如麸皮、糠类、饼类等都是家兔的精饲料。季节不同，饲料的来源也多少不同，喂养家兔的饲料的种类也应该有所侧重。春末、夏季、秋季是青绿饲料丰盛的时季，要以青绿饲料为主，适当喂些精料。饲喂的青绿饲料一定要新鲜、干净，不要把霉变或有毒的饲料喂给家兔。冬天的温度较低，家兔本身散热又比较多，且饲料种类较少，因而除喂给大量的干粗饲料外，还要加喂一些精料，如白菜叶和胡萝卜等。不要喂冰冻饲料，喂干饲料时要供给清洁水。无论任何季节都要注意饲料的质量及合理搭配，并根据各种饲料的特点进行加工调制，做到多样化，以刺激家兔的食欲，保证家兔生长发育所需的各种营养。饲喂定时，饲料定量，成年兔一般每日喂食3次，无论什么季节都应加喂夜草。

家兔的合群性是比较差的，如果把成年的公兔与公兔、母兔与母兔放在一块饲养，就会发生咬架现象，有时会咬得遍体鳞伤，严重的还会咬死。所以成年同性兔最好不要放在一起饲养。家兔胆小，怕惊，喜欢安静，平时哪怕极微小的声音也会引起它们的警觉，因此不要让猫狗接近兔舍。育成彩色长毛兔从育成兔中严格选种后，被淘汰的经育肥定期屠宰和剥皮。

（四）种兔的饲养管理

3月龄后性成熟的幼兔有的开始发情，为防止早配乱配，必须将公母兔分开饲养，最好一笼一兔，能防止斗殴，就是同性也不要一笼两只。种公兔的饲料要求营养全价，适口性好，体积小，易消化。配种期间饲料的喂量要比平时增加1/4，以满足配种期的营养需要。公兔配种前 15～20 天，要增喂精料，如黄豆、鱼粉。粉料要拌湿，现拌现喂，不能拌后久置，易发生腐败变质。公兔要适当运动，以促进新陈代谢，增强体质，并进行体质鉴定，淘汰体弱多病的公兔。

母兔在空怀、怀孕、哺乳期，饲养管理的要求不同，应根据各阶段的特点，采取不同的饲养方法。空怀母兔由于哺乳期消耗了大量的养分，身体疲弱需要补充优质青料，适当精料，尤其是蛋白质、矿物质和维生素，以恢复膘情，正常发情并能提高配种时成熟卵泡的数目。在配种前 15 天应转换成怀孕母兔的营养标准，怀孕母兔更需足够的各种营养，喂给多汁饲料和少量精饲料全价营养，保证胎儿正常发育。尤其是母兔妊娠后期和哺乳期更要加强营养，但切忌过肥。母兔怀孕后期饲料的数量和质量对胎儿生长影响极大，除逐步增加青饲料外，还需喂豆饼、花生饼、麸皮、骨粉、食盐等。自受胎 15 天后饲料要逐步增加，直到临产前 3 天才减少精料量，多给青绿饲料。母兔分娩后 1～2 天胃口较差，体质较弱，要增喂易于消化、营养丰富饲料（喂空怀期的 2 倍），多喂青绿饲料和蛋白质、矿物质，少喂精料，3 天后逐渐增喂。饲喂量应根据泌乳状况及适量加以调整。若喂量过多，乳汁分泌过剩仔兔吃不了，母兔易患乳腺炎，同时造成饲料浪费。对母兔的管理主要是怀孕期做好护理，怀孕期特别是怀孕后期，禁触顶母兔腹部，不要无故捕捉母兔，并注意饲料品质，忌喂霉烂变质饲料，禁饮冰水，防止外来惊扰，防止造成流产，同时做好母兔产前准备工作。

三、 彩色长毛兔的选配繁殖

用来交配的公、母兔在 3 代内不应有相同的血缘关系。青年公兔配种的年龄不应过早（太早会影响发育）也不宜太迟（过迟影响公兔将来的性欲），可以在 7 月龄时开始配 1～2 次，到 8 月龄时再投入正常的配种。母兔产仔后 1 周内及时配种，血配兔宜在产后 2～3 天配种，但仔兔必须在 28 天断奶。饲料供应不足，精料较少时不宜血配。近亲不配，配种前清理公兔笼内各种用具和饲料，配种的地点应在公兔笼内；公母兔配种时，应将母兔捉到公兔笼内，不能反向进行，否则会使公兔因离开熟悉的环境配种而精力不集中。配种 1～2 分钟后把母放回原笼，公、母兔长期在一起，交配无度，影响公兔的健康。公兔交配的次数一般是每天 1～2 次。配 2 天休息 1 天。种公兔的饲料应根据配种任务情况适当喂给蛋白质、维生素和矿物质饲料。种公兔每日应放出运动 1～2 小时，对公兔的体质健康和性欲旺盛有明显作用，配种的公兔要经常检查生殖系统有无病变，发现疾病要停止配种及时治疗。病兔不可配种。公兔的选留数量可按公、母兔 1：10 的比例确定。多余的公兔应阉割，避免其消耗饲料。

在母兔交配 40 天后可摸胎进行妊娠检查，检查其是否受孕，动作要轻。若母兔妊娠，应做好如下工作。

（一） 加强营养

对怀孕的母兔应给予营养价值较高的饲料。据报道，怀孕的母兔对营养物质的需要相当于平时的 1.5 倍。若母兔健康，泌乳能力强，所产仔兔发育良好，生活力强。尤其在妊娠后期和泌乳期需要吸收大量蛋白质、矿物质、维生素等营养。自受胎到 15 天，饲料量应相应增加，需要满足胚胎发育的各种营养需要。在分娩前 3 天应减少精料的饲喂量，但要多给青饲料，以防产后奶量过多而发生乳腺炎。对营养不良的母兔，产后应及时调整日粮和带仔头数。

（二） 做好护理， 防止流产

母兔一般在怀孕后 15～20 天易发生流产，饲养母兔的场舍应保持环境安静。尽量减少干扰，不打防疫针，不捕捉、不采毛、不喂冰冷饮水和发霉饲料。母兔临产前要备好产仔箱，母兔进入产仔箱时要减弱笼内光线。发现难产母兔和母兔妊娠期超过 33 天时，需要肌内注射催产素 1 毫升进行催产。母兔产后会感到口渴，需供给充足清洁温水或淡盐水、米汤等，以防母兔口渴喝不到水而吃掉仔兔。仔兔应放在温暖安全的地方，防止冻坏或被老鼠伤害。若选用种兔，需要测量仔兔体重和窝重，然后做好母兔分娩产仔记录。

母兔无奶或奶水不足时，幼兔可进行人工哺乳，母兔在这一时期必须要有足够的优质干草、青绿多汁饲料以及矿物质饲料，饲料中应加喂豆渣或浸泡的黄豆，每顿喂 20～30 粒。青饲料喂蒲公英、鲜杏叶等，精料不限量使其吃饱吃好，如乳腺发炎可每天喂复方新诺明 1 片，连喂 3 天，若严重可用封闭疗法，若受惊缺奶可改善环境条件。哺乳期母兔笼舍要保持清洁卫生，干燥通风，光照充足，以保证母兔的健康和哺乳力并防止母兔发生趴窝现象。

第八章 长毛兔的繁殖育种技术

一、 长毛兔的繁殖技术

（一） 长毛兔的繁殖特性

1. 有很强的繁殖能力

家兔的繁殖力很强，不仅表现为每窝产仔数多、孕期短（妊娠期为1个月，产后又可立即配种，1年繁殖12胎）和年产胎数多，而且表现为成熟早和繁殖不受季节限制，终年产仔。如一味追求年繁殖胎数，不考虑母兔身体营养状况等因素，其结果繁殖率高，但仔兔体弱易病，效益差。因此在生产实践中，应适当控制家兔年繁殖胎数，以年繁殖6胎为宜。

2. 性成熟期

初生仔兔生长发育到一定年龄，公兔睾丸和母兔卵巢中分别能产生成熟的（有受精能力）精子和卵子时，即称性成熟。一般母兔比公兔性成熟时间早 1 个月左右，长毛兔母兔的性成熟期一般为 4～5 月龄，公兔为 5～6 月龄。公兔平均 6 月龄达性成熟后每次射精量平均 1 毫升，精子每毫升变动范围为1000 万～20000 万个；母兔平均 5 月龄性成熟后，两侧卵巢可以产生卵子 18～20 个。长毛公、母兔一般在 5～6 月龄、体重3 千克以上时即可进行配种繁殖。达到性成熟后虽能配种繁殖，但由于这时的兔体内各器官仍处于发育阶段，过早配种繁殖不仅会影响公、母种兔的生长发育，造成早衰，而且配种后母兔受胎率低、产仔数少，产出的仔兔身体瘦弱、成活率低，母兔泌乳量少。配种也不宜过迟，否则也会影响种兔的生殖机能，使其生殖机能降低，母兔会出现长期不发情，甚至失去种用价值。

3. 发情特点及发情周期

家兔发情是生长达到性成熟后由于母兔卵巢内的卵泡发育成熟所引起的母兔性欲兴奋，在一定时期会发出气味，引诱、接受公兔交配性欲要求的生理现象。

（1）发情表现　4 月龄的家兔就有发情表现。母兔发情行为表现为兴奋不安，爱跑跳，顿足，仰头，左顾右盼，乱刨笼底板，用脚踏底板，频频排尿，食欲减退，并常在饲盘或其他用具上摩擦下颌，俗称"闹圈"。性欲强的母兔还主动接近公兔，当公兔追逐爬跨时母兔后躯抬高，接受交配，甚至调情、爬跨其他公兔、母兔，用手抚摸兔背时，母兔下蹲贴服笼底将尾举起。

（2）生殖器官变化　母兔发情初期外阴部黏膜潮红充血，有光泽和分泌物。发情开始时外阴部呈粉红色或淡红色，随着发情的进展颜色加重呈大红色或老红色。发情后期黏膜变成黑紫色，阴户肿胀与黏膜颜色逐渐消失。除上述发情表现以外，一般母兔的卵巢在发情前2～3天，卵泡发育迅速，卵泡内膜增生，卵泡液分泌增多，卵泡壁变薄并突出于卵巢表面。阴道上皮充血，阴蒂充血和勃起，子宫颈及前庭大腺分泌的黏液增多；子宫颈松弛，子宫充血，输卵管蠕动和纤毛颤动加强。持续时间为3～5天，这段时间称发情持续期。幼龄母兔发育到初情期之后，直至性机能衰老之前，卵巢中1次能成熟许多卵子。但这些卵子只有在和公兔交配后10～12小时才能从卵巢中排出。

（3）发情周期　母兔性成熟后发情有周期性，一般发情周期短，8～15天发情1次，持续2～3天，但发情无规律性。长毛兔母兔的发情周期不太规律，有的母兔一直发情，因卵巢中经常有处于不同发育阶段的卵子。也有母兔在一定时间发出气味，引诱公兔交配。但母兔发情受季节气温的变化影响较大，在气候较温和的春秋季饲料来源充足，发情较为明显，种兔性欲强，受胎率、产仔数和育成率较高。而在夏冬季长毛兔食欲较差，种兔性欲不高，空怀率和产仔死亡率较高。应注意搞好发情鉴定工作，尤其是群体较大时，不要因漏掉发情母兔而延误了配种。还需要喂给营养丰富的饲料，以使长毛兔保持良好的体质。

（二） 种兔初配年龄利用年限及公母兔比例

1. 初配年龄

长毛兔的性成熟比其他兔体发育成熟要早一些，此时身体各部分器官仍处于发育阶段，配种后受胎率低。身体强壮的种兔，3～4月龄虽有发情表现，但这时不宜配种繁殖，如过早交配会影响它的正常生长发育，能引起兔种退化，体形、体质及生产性能都相应下降，所生仔兔体格弱小，生活力弱，母兔乳汁少，仔兔难育成，养大了品质也差。但是配种过晚，也会影响种母兔的生殖机能。一般正常饲养条件下，毛用兔的母兔达7～8月龄，体重达2.5千克以上；公兔9～10月龄，体重3千克以上，即可初配。若饲养管理好，也可根据实际情况适当提早。

2. 种用年限

种公、母兔的使用年限一般为3～4年。但公兔不能早于7月龄，母兔不能早于5月龄。使用年限公兔不宜超过4年，母兔不宜超过3年，过于衰老则繁殖力差，因此要让适龄母兔在兔群中占有绝对优势以补充更新。部分优良青壮年兔、适龄母兔在兔群中应占 60％左右。使繁殖母兔占优势，有利于提高长毛兔的繁殖力，以保证种兔的质量。

家兔年龄的鉴别，可以根据记录卡片上记载的家兔出生日期，准确知道家兔的年龄大小，或根据家兔的脚趾上爪的长短、颜色和弯曲程度（图 8-1），鉴别家兔的年龄大小。

青年兔爪　　　　　　壮年兔爪　　　　　　老年兔爪

图 8-1　不同年龄的兔脚趾爪比较

（1）青年兔　青年兔脚部的趾爪短细而平直，有光泽，隐藏在脚毛之间，颜色红多于白；白色兔脚的趾爪颜色是基部呈粉红色，尖端呈白色，皮板薄而富有弹性。

（2）壮年兔　壮年兔脚的趾爪粗细适中，平直。白色兔脚的趾爪颜色红白相间，皮板厚度适中且富有弹性。

（3）老年兔　老年兔脚的趾爪粗长，爪尖勾曲，有一半趾爪露出脚毛外，无光泽，表面粗糙。白色兔脚的趾爪颜色白多于红，皮板厚而松弛。

3. 公母兔的比例

兔群体规模较大时一般以维持公母配种比例 1：8 较为合

理。不仅有利于养兔的经济效益，而且可以加快繁殖。一般每只公兔要与8只母兔配种。若群体较小，公母比例以1：4为宜。如果公兔比例过小，种公兔交配过于频繁，公兔的射精量和精子质量都会下降，不能胜任配种任务。如果公兔比例过大，公兔过多造成饲料浪费，而且由于公兔滥交滥配对公、母兔的健康都不利。一般1只公兔固定轮流配8～10只母兔。大群养兔为了顺利的交配，有计划的配种，避免一些公兔负担太重，应该确定一个正常的比例。人工授精1只公兔可配100只母兔。

（三）种兔繁殖季节与配种时间

长毛兔一年四季都可繁殖，但母兔发情受季节气温变化的影响较大，春季是最好的繁殖季节。春季气候温和、饲料丰盛，母兔发情率高，配种受胎率高，产仔多。夏季母兔泌奶水不足，仔兔体弱，成活率低。所以夏季早秋气温超过30℃时不宜配种。如果母兔体质健壮，能够采取降温措施，可以利用青饲料丰盛的时机安排好夏季的繁殖。但湿度大时，仔兔死亡率高，因此要做好防湿工作。我国北方地区夏季不太炎热，繁殖影响不大。秋季气候温和，饲草丰盛，发情率和受胎率高，但秋季正值家兔换毛，营养消耗大，影响繁殖配种，需要大量蛋白质，精液形成、胚胎发育和泌乳都受影响，此时不宜配种。必须合理安排，中秋之后再配比较适宜。北方冬季太冷，影响配种，仔兔也难成活。冬季母兔配种产仔则必须做好母、仔兔的保温防寒工作。南方的气候好些，若气温在 0℃ 以下且保温措施跟不上，也容易冻死仔兔。如果冬季保证适当的温度和营养，可进行冬繁冬养，从初冬到早春可以配 2 胎。时间大致安排是 2 月初配第 1 胎，4 月下旬配第 2 胎。

种兔配种应在母兔发情时进行，这样母兔会自动接受交配，配种受胎率高。母兔外阴部休情期为苍白色，发情前期微红，发情期深红，并有分泌物。母兔发情的特征是外阴部红肿（如外阴呈粉红是发情初期，如呈大红色是发情旺期，颜色"粉红早，黑紫迟，红肿稍紫正当时"），食欲下降，举止不安，衔草，追爬别的兔子，如把母兔放入公兔笼中，母兔不乱跑，反而举尾相迎。配种最适宜的时间应在母兔发情最旺盛、外阴部黏膜红透呈老红色、湿润含水时，可获得较高的受胎率和产仔率。交配时间最好安排在晚间 9～12 时或凌晨 3～5 时，这样既可提高受胎率，又可使母兔在白天 7～14 时产仔，便于护理，提高仔兔成活率。

（四）配种前准备工作

无论是大规模还是小规模的饲养，在长毛种兔交配前 14 天，需要对全部需要配种的长毛兔进行 1 次检查，检查兔的营养状况和健康状况。过肥、过瘦的种兔配种效果都不好，应该从饲养方面来调整。瘦的种兔应加强营养，肥的种兔应减少日料中的精饲料，增加青饲料。对所有的公兔加喂质量好的青饲料，可以提高受胎率。在配种前1～2天喂些维生素E或麦芽，可以促进性机能。在准备配种期间，应尽可能增大公、母兔的运动量，多晒太阳，还要事先做好配种计划。

遇到下列情况时不应配种。

① 家兔不到交配月龄的不得配种，交配过早，不但影响产仔的质量，而且影响青年兔的发育和健康。

② 有血缘关系的公、母兔，不予交配，以防近亲繁殖，影响后代品质。

③ 正在换毛的长毛兔不要配种。

④ 经过长途运输，初到目的地，尚未完全恢复精神的长毛兔也不宜立即交配。

⑤ 发现有病的要进行隔离，特别是患传染病的母兔，应待病愈后再配种产仔，以防疾病传播，影响整个兔群，造成更大的损失。

⑥ 对性欲差、不发情的母兔，要进行催情（催情具体方法见第十一章有关内容），实行强制配种。

⑦ 3年以上的母兔不宜配种，应予淘汰转作毛、肉用兔。

（五） 配种方法

长毛兔的配种可采取"双重法"配种，即1只母兔在发情期用2只公兔先后交配；或用同1只公兔隔8小时先后交配2

次。配种方法一般分为自然交配和人工授精两种。

1. 自然交配

依实施方式包括自由交配和人工辅助交配两种。

（1）自由交配方法　将公、母兔饲养在一起，当母兔发情时，让公兔随机自由交配。不受人工的控制，是一种原始的配种方法。其优点是不需要任何人力辅助，但容易发生过早配种，使得品种退化，无法进行选种配种，且易传染疾病。

（2）人工辅助交配　目前种兔繁殖普遍采用人工控制交配。采取公、母兔分群饲养，在母兔发情期间，将母兔放进公兔笼中配种，交配后即将母兔捉回原笼。采用这种方法，能够合理地有计划地配种，防止近亲交配，并可避免传播疾病。必要时人工辅助强迫配种，在人工控制配种时，一般要注意适合种兔的公、母比例，利用年限、体质要求，掌握母兔的发情规律及时配种。时间和季节以及配种技术、配种方法如下。

① 配种前的准备。为了提高配种受胎率和保证种兔的品质与健康，配种前要根据选择标准和生产目的制订配种计划进行选配，目的是防止混乱交配，更有计划地使用公兔。对种兔要建立系谱，以便查亲缘关系。同时，配种前应做好准备工作，如加强配种兔的营养，注意补喂蛋白质饲料和含维生素丰富的青绿饲料；搞好清洁卫生工作，彻底消毒，防止疾病传播；淘汰生产性能不好和有恶疾的兔子，对患有疾病的兔子要

及时隔离治疗，待痊愈后再视具体情况确定配种与否；检查母兔的发情状况，配种应准确掌握配种时间，主要根据母兔的外阴部，黏膜变成深红、充血有光泽和分泌物湿润为交配的最好时机；选择天气晴暖的上午或傍晚，在饲养后公、母兔精神饱满时进行配种；配种前要取出公兔笼中的食盘、饮水器；毛用兔在配种前要将种兔生殖器周围的毛剪光，以防脏物带进生殖器引起发炎，并准备好配种产仔记录表格。

② 配种方法。配种前公、母兔分笼饲养。检查母兔是否发情主要看阴部。当母兔阴唇红肿、湿润为老红色，则为正在发情，接受交配；交配应在公兔笼中进行。若已经成紫红色，则表示发情盛期已过，配种难以配准。另外公兔容易因环境的改变而影响性欲，因此应适时将发情旺盛适宜配种的母兔，轻轻放入公兔笼中交配。若1只母兔用2只公兔交配时，要在第1只公兔交配后，把母兔送回原地，经过一段时间，等异性气味消失后，再将母兔送入第2只公兔笼中进行交配，以防第2只公兔嗅出母兔身上有其他公兔气味而可能把母兔咬伤。更不能用2只公兔同时给1只母兔配种，以防公兔因相互争夺母兔而咬架，影响种兔的健康。一般情况下，发情良好的母兔交配1次，即可获得较高的产仔率。当发情母兔躲在笼的一角不接受交配时可强制配种，用辅助的方法使之交配，即用左手抓住母兔耳朵和颈皮，右手伸向母兔腹下，举起臀部，以食指和中

指夹住尾巴，露出阴门，让公兔爬跨交配，仍可交配成功。配种完毕后，立即将母兔臀部提起并用手轻拍两下，防止精液外漏，然后将母兔由公兔笼中捉回原笼。交配后，将初配日期、所用公兔品种、编号等及时登记在母兔配种卡片上，并让公、母兔安静休息。采用人工辅助交配的优点是可提高种兔利用率，便于开展选种选配，提高群体质量，还可避免疾病传播。因此，目前在养兔业中普遍使用这种方法，且取得了较好的效果。为了确保母兔及时妊娠与产仔，在初配后5天左右，再用上述方法复配1次。如果母兔拒绝交配，边逃边发出"咕咕"的叫声，就表明母兔已经妊娠，应速将母兔送回原笼，以防奔逃过久身体受到影响。如果母兔接受交配，则表明初配未孕，应将复配日期记入配种卡片。有时配后15～20天，发现母兔有营巢现象，这是假孕或流产象征，应重新进行交配。

2. 人工授精

人工授精就是用器械采取公兔的精液，再用器械把精液输到发情母兔生殖道内，代替自然的交配方法。其优点在于充分利用优良公兔，节省公兔精液，能有效提高良种公兔的利用率，增加配种头数（每采1次精可配8头以上母兔），减少种公兔的饲养量，降低饲养费用，提高受胎率（可达80%～90%）。长毛兔配种不容易，采用人工授精技术不仅能提高受胎率，还省时省力，可大大加快育种工作的进程，提高优良种

第八章 长毛兔的繁殖育种技术

兔的后代品质。由于人工授精，避免了公母兔生殖器官的直接接触，还可防止疫病传染，特别是避免生殖器官疾病的传播。此外，人工授精还可解决公、母种用兔因个体差异过大而无法交配或异地饲养不便运输而不能交配等困难。

（1）器械消毒　凡采精、输精时与精液接触的一切器械，要求清洁、干净、消毒，存放于清洁的柜内，凡所购入的器械用 70% 的酒精消毒，用生理盐水冲洗。集精瓶、输精器、玻璃棒、器皿应经过 20 分钟的蒸汽消毒，再用生理盐水冲洗数次。镊子、磁盘等用 2%～3% 的碳酸钠溶液清洗，再用清水冲洗数次并擦干，用酒精或酒精火焰消毒。凡士林应进行蒸煮消毒，每日 1 次，每次 30 分钟，可达到彻底消毒的目的。

（2）采精方法　进行采精一般用假阴道采精法，简单实用。假阴道由内外壳（图 8-2）、内胎和集精管组成。假阴道外壳用硬质橡皮管、塑料管制成，长 10～12 厘米，直径 3～3.5 厘米，并在外壳中间钻一直径为 0.5～0.7 厘米的小孔，安装活塞，以便由此注入热水和吹气，以调节水温和内压力大小。内胎可用 14～16 厘米的圆筒薄胶皮或手术用的乳胶指套（顶端剪开）代替，采精用的假阴道先用 70% 酒精彻底消毒，并用灭菌生理盐水冲洗 2～3 次，然后安装消毒好的假阴道，用小漏斗注入 50～55℃ 的温水 15～20 毫升，采精时假阴道温度保持公兔适宜的温度——40℃ 左右（公兔适宜射精的温度为

40～42℃），调整好温度之后，用小玻璃棒在内壁涂上少量中性凡士林或液体石蜡作为润滑剂，然后吹气调节压力，使假阴道靠拢成三角形即可用于采精。

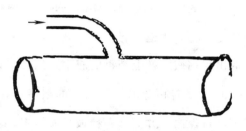

图 8-2　假阴道外壳

采精前要训练好种公兔。采精公兔要求体质健壮，体重超过 3.5 千克，年产毛量在 0.75 千克以上，雄性强，性欲旺盛。公兔分养在笼内，定期放入挑好的配种母兔与公兔接触，以提高种兔的性欲，并喂给品质良好的青饲料和精饲料。数日后用假阴道调教配种，经反复多次调教即可顺利采精。在调教期间，公、母兔要隔离饲养，采精人员要经常接触公兔，使它不怕人，然后把母兔放入公兔笼中，但不允许交配，刺激公兔提高性欲，当公兔既不怕人，又有强烈性欲时，训练目的即已达到。公兔经过几次采精训练后就很容易达到采精目的。

假母兔采精或真母兔诱导时手握假阴道采精均可，但采精器械必须按规定装置。采精时采精人员一手握住假阴道，另一手用兔皮蒙盖在握假阴道的手背上，也可用母兔来引诱公兔爬背采精。待公兔阴茎伸出便插入润滑的假阴道开口的地方，根据阴茎伸出的方向调整假阴道口的位置和进口高度，公兔阴茎插入润滑的假阴道无气的地方，当公兔后躯蜷缩，前后抽动数秒，发出"咕咕"的叫声，并向一侧滑下时表示射精完毕。这时立即放开公兔，将假阴道竖起，放气减压，使精液流入集精瓶中。而后取出集精瓶，塞上消毒的瓶塞，然后将集精瓶精液倒入清洁干燥的刻度离心管内，所采集的精液应保持在35℃左右的温度下进行保温，并立即做精液品质检查。健康公兔每日可采集1～2次，连续5～7天，休息1天。

采精后，所有用具必须用温肥皂（或洗衣粉）水及时洗涤干净。橡皮内胎、指套等用纱布擦干，涂上滑石粉，以防黏合变质。其他用具要存放在干燥、无尘的橱窗内或干燥箱内。

（3）精液品质检查 进行精液品质检查，应在室温保持在18～25℃的环境中进行，并在采精后立即进行。

① 肉眼检查。先用肉眼检查精液量，再检查色泽、浑浊度及温度。

精液量：德系安哥拉兔1次射精量为0.5～2.5毫升，平均为0.95毫升。一般精液的数量为0.4～1.5毫升。公兔正常精液 pH 值为6.7～7.8，平均7.23；正常成年公兔的精液呈乳白色，不透明，有的略带黄色是因为混有尿液或脓液，粉红色是因为混有血液，后二者不能作输精用。新采精液云雾状、浑浊、无臭味。

②　显微镜检查精子活力、密度和畸形率。取少量原精放至载玻片上，用盖玻片压紧，放在显微镜下观察精子活力。生产实践中一般将公兔精子的活力作为评定公兔种用价值的重要指标，直接影响母兔受胎率和产仔多少。用活力强的精子授精，母兔产仔数多，受胎率亦高。精子活力评定分为五级，以五级最好，0级最差，要求公兔精子活力在 0.6 或三级以上才能作输精用。分级标准如下。

五级：在显微镜视野中，精子全部直线前进，这是最优等的精液。

四级：视野中 4/5 的精子直线前进，其余 1/5 摇摆运动。

三级：视野中 3/5 的精子直线前进，其余 2/5 摇摆运动。

二级：视野中 2/5 的精子直线前进，其余 3/5 摇摆运动。

一级：视野中 1/5 的精子直线前进，其余 4/5 摇摆运动。

0级：视野中的精子全部呈摇摆运动或死亡状态。

精子密度可评为密、中、稀三个等级。

密：在显微镜视野中，精子与精子之间几乎没有空隙，精子非常稠密，评为"密"。

中：在显微镜视野中，精子与精子之间有一定大小的空隙，每个精子分得很清楚，评为"中"。

稀：精子零星分布，空隙很大，数量较少，评为"稀"。

畸形精子多，严重降低受胎率。取一小滴稀释精液放在载玻片上，做成薄的精液涂片，在酒精灯上烤干后，用95%的乙醇固定1～2分钟。然后水洗，用伊红或次甲基蓝染色5～7分钟，水冲去多余染料，晾干后在500倍视野下观察精子形态。正常精子有一个圆形或椭圆形的头和一根细长的尾，其他形态都是畸形精子。精子头部和颈部畸形是公兔本身生育机能障碍所致，尾部畸形有时是因为体外环境不当所致。输精用的精液，畸形精子不得超过20%。

（4）精液的稀释与保存　精液稀释可增加配种数量，提高公兔的种用价值，给更多的母兔配种。稀释的倍数要根据精液的浓度及精子的活力而定，目前我国一般采用5倍左右的稀释倍数。也可稀释10倍，授精量每只兔0.2毫升，约有精子1000万个。1只公兔的稀释精液可配10～15只母兔。作为短时间输精用，精液量大的，常用的稀释液是生理盐水或7%葡萄糖溶液，稀释的倍数可在30倍左右。长毛兔精液5%～7%的葡萄糖稀释液配制方法：称取化学纯葡萄糖5～7克，放入量筒内加蒸馏水至100毫升，充分溶解过滤至三角烧瓶中，加盖密封，煮沸消毒，降温后加入适量青霉素，防止细菌污染。精液稀释时，室温不宜太高或太低，最好是18～25℃，公兔的精液为胶状物，黏稠性很强，呈半固体状，留在假阴道中精量较少，所以一般不用过滤，把35℃稀释液沿集精管壁缓缓注入精液中，稍加晃动使充分混合，然后取出一滴稀释精液镜检，如果精子活力符合要求，则可给母兔输精；如果精液活力差或精子死亡，则不能使用，要及时查明原因。

用剩的精液要立即保存在 5～8℃ 的冰箱或内放冰块的广口保温瓶中，以保持在 0～10℃ 为宜。如果精液暂时不用，应在上面盖一层液体石蜡油与空气隔绝，然后塞上塞子，管口用石蜡封口保存。精液降温要逐渐进行，使其有一适应过程。长期保存的精液可以制成冷冻精液，稀释后的精液在 5℃ 条件下放置 2 小时，然后在 −110℃ 液态氮气中熏蒸 9 分钟，再浸入液氮中保存。

（5）输精技术　一般成年母兔要每个月发情 1 次，每次发情持续 3～4 天，当母兔表现不安，外阴红肿、湿润时为适宜的输精时机。由于长毛兔属于诱发刺激性排卵的动物，母兔发情不等于排卵，必须经公兔的爬跨交配刺激才可促使卵巢排卵。因而人工授精时，在输精前先用结扎输精管的公兔交配诱情，以刺激母兔排卵；如果没有先用结扎输精管的公兔交配，则需在公兔腹下扎布围裙，不让公兔阴茎插入母兔阴道。一般经过公兔诱情后 2～5 小时再行输精。也可用药物刺促母兔排卵，在配种前 1 小时肌内或静脉注射绒毛膜促性腺激素（HCG），每只长毛兔用 80～100 单位，也可用黄体生成素释放激素（LRH）肌内注射，1 次量为 20 微克，都有良好的促进排卵的作用。若注射孕妇尿，以不超过 10 毫升为佳，也可引起母兔排卵，提高受胎率和产仔效果，注射后 4～6 小时内输精。

输精用 1 根内径 0.4 厘米、外径 0.5 厘米的玻璃管制成的授精管（也可用 1 根长 10 厘米的玻璃吸管和 1 支容量为 1 毫升的注射器，中间用一段橡胶管连接）（图 8-3），在管端 5～6 厘米处作 155° 的弯曲，并在管端烧成直径 0.1 厘米的小圆口，另一端套上橡皮滴头。输精管最好 1 兔 1 根，防止疾病传染。

图 8-3　玻璃管制成的授精管

输精时先要保定母兔，操作人员坐在凳子上，使母兔臀部及后肢向上，背部朝内，夹在操作人员大腿之间，使之头部向下，用蘸有生理盐水的棉球将母兔阴部周围擦干净，分开阴部，另一人用输精器抽取精液 0.3～0.4 毫升，然后慢慢将输精管沿着背侧轻轻插入阴道内 6～7 厘米深，超过尿道口即可缓缓注入精液到子宫颈附近。当授精管弯曲部分碰到耻骨不能伸进时，不可硬插，防止损伤阴道，而应该把输精管转动 180°，然后伸到子宫颈口附近。输精量每次 0.5～1 毫升。输精完毕，拔出输精管时要慢，为防止精液倒流，输精结束后用右手抚控母兔阴部，增加其快感，可加速阴道和子宫收缩，或将兔后躯抬高一会儿，并在母兔臀部轻拍两下，使母兔臀部肌肉收缩，这样也可以防止精液倒流。人工授精时要严格遵守操作规程，这样才能收到配种效果。一般人工授精受胎率可达85％以上，产仔平均在6只以上。发情种兔采用人工授精方法配种结束后，按规定做好公、母兔编号，及时检查受胎情况，注意资料积累，不断改进工作方法。

二、 育种的基本方法

育种的基本方法是选种、选配和繁育，三者是互相联系、不可分割的关系。

（一） 长毛兔的选种

种兔选择是否恰当，直接关系到育种工作的成败，所以，选种工作对育种至关重要。对不同品种的兔要根据兔本身的特征和生产目标进行选种，选种的关键是选出合乎要求的种兔，把特性好、生产性能好、高产、优质、适应性强、饲料报酬高、遗传性稳定及育种值优良的公、母兔选作种繁殖，同时把品质不好的或较差的种兔加以淘汰，这种工作即为选种。选种用长毛兔要求种兔体质结实结构紧凑，品种特征明显，还应对种兔生产性能进行评定，其评定基本内容如下，以便在评定种兔生产性能时参考。

1. 外貌鉴定

种兔的外貌与生产力有一定关系，是兔体生长发育健康状况的标志。在评定长毛兔外貌时，可按下列各部位进行。

（1）头部　头大小要求合适，头形大小与躯体各部分比例相称协调，为结实型，头大一般为粗糙型，对产毛量和毛的品质有一定影响；头过小反应体质太细致，这种兔适应能力较差，眼圆瞪有神、明亮、无眼哆，眼球颜色符合品种特征。耳大小和形状及耳毛分布应符合品种特征。一般两耳长短适中，竖立举起，如耳下垂则是不健康的象征，或是遗传上的缺陷。嘴鼻洁净无分泌物。

（2）体躯　胸部宽而深，背腰宽广平直，臀部丰满、宽圆。腹部容积大，不下垂，不松弛，呈"饱腹感"。如果呈驼背和凸背的则为严重缺陷，不能作为种兔。母兔腹乳头为4对以上，且排列整齐。

（3）四肢　四肢肌肉发达，强壮有力，伸展灵活，皮肤富有弹性。兔爪是呈弯曲状态的，它的弯曲度随年龄增长而变化，年龄越老则弯曲度越大。选种要求兔爪弯曲度适中。在评定时，还应看四肢有无畸形和其他异常，如兔在行走时，前肢打滑爬行，犹如在水中划游状态，或后肢有瘫痪症状，这两种缺陷都有可能是由遗传因素所引起的，不可作种用，应该予以淘汰。

（4）阴部、肛门　无糜烂、红肿和拉稀等不正常的迹象。

（5）被毛　毛用兔及皮用兔的被毛鉴定应在秋季换毛结束

后进行。种兔被毛应柔软、细致、浓密，有光泽，有弹性，被毛颜色应符合品种特征。通常所饲养的白色长毛兔，要求被毛洁白、平滑、光亮松软、密度要大（所谓密度，是指单位皮肤面积内所含有的毛纤维数，毛纤维数愈多则密度越大，产毛量也愈高）。并要求被毛无结块，对于被毛中的粗毛含量，因长毛兔的类型不同而有不同要求。细毛型兔被毛中细毛含量要高，粗毛含量要低，要求粗毛不超过全身毛的 10％；粗毛型则要求粗毛率高。我国自己育成的几个粗毛型兔的粗毛率基本上都在 15％以上，法系安哥拉兔可达 20％。用手抚摸被毛，检查其密度，如果兔的被毛密度过大，用手抓握兔毛感觉手内丰厚而多。或者用口吹被毛，若口吹被毛形成的漩涡所露出皮肤面积小，则说明被毛密度大。对兔皮被毛的一般要求是腹部、背部、腹侧的被毛密度愈大愈好，这样才可能产毛量高。

2. 繁殖性能的评定

长毛兔的繁殖性能是指长毛兔繁殖后代的能力，它是一项很重要的选择指标。因为长毛兔是多产、多胎动物，不仅要求它某一窝的繁殖性要好，而且也要求它在一年中产的胎次要多。尤其是长毛兔中的母兔的受胎率较差，所以评定它全年的繁殖性能就可起着扩大长毛兔再生产的作用，繁殖性能的指标有发情期、受胎率、产仔数、产仔窝数、产活仔数、泌乳力、初生窝重和断奶窝重等。

母兔的繁殖习性与母性状况对于母兔的繁殖性能也很重要。母兔选种应选年产活仔数多、断奶仔兔多和断奶体重大，母兔无习惯性流产，无啃齿、啃咬仔兔的恶癖，不经常在巢箱内排粪尿，无凶暴、好斗、抓人、咬人等行为的母兔留种。母兔不孕应查清情况及时调整种兔群，对长期不孕的母兔坚决淘汰。

对公兔的要求：体质健壮、性欲旺盛、雄性强，睾丸要匀称，两侧睾丸大小相等，无单侧或双侧隐睾，外生殖器无炎症，肛门附近无粪尿污迹，爪、耳、鼻内无疥癣病。公兔选种重点是配种能力强，应选择精液品质好，受胎率高、后代仔兔品质好的留种。

3. 生长发育的评定

家兔生长发育的好坏，对于家兔成年后的体重和体形大小、体躯结构、生产性能都有很大的影响。每一品种都有其标准的体重和体尺。长毛兔的生长发育，可以根据体重和体格的大小来评定长毛兔不同生长阶段的生长发育情况。

（1）体重的测定　测定体重方法，用衡器称取兔体的重量，一般皮用兔和肉用兔体重越大越好；长毛兔体重大产毛率不一定高，所以应和产毛率结合起来一块测定。长毛兔在成年之前的生长发育是比较迅速的，长毛兔的体重测定要求从出生到 6 月龄之间每月称重 1 次；从 6 月龄到 1 岁之间可以每 2 个月称重 1 次；1 岁以后，每年称重 1 次。称重应在早晨喂食之前进行。对各个系的长毛兔在体重上的要求都有一定的标准，例如要求德系安哥拉兔的成年体重为 3.1～3.7 千克，法系安哥拉兔为 3.4～4.8 千克。在一定范围内，兔的体重越大越好，因为体重大的长毛兔生长发育良好，它的体格必然也大，这就增大了产毛的面积。毛用兔的体重应符合其品种标准。如果体重达不到该品种的最低标准，则不能作为种用。

（2）体尺测量　体尺是指身体各部位的尺度，例如身体的长度，四肢的长度，胸部的深度、宽度和围度等。测量体尺的项目很多，依使用目的不同而不同，作为一般的选种测定项目如果没有特殊的需要，只要测量体长和胸围两项就可以反映其体躯的发育情况。长毛兔的体尺测量都在剪毛以后进行，一般在满 3 月龄时起到 1 岁时止的各次剪毛后测量。

① 体长的测量。体长是用来表示长毛兔身体长度生长发育情况的。1984 年全国家兔育种委员会规定体长是指从兔的鼻端到坐骨端的直线长度图[图 8-4（a）]。

② 胸围的测量。胸围是表示胸部发育的重要指标，它说明了胸部的容积。测量胸围的方法是，用皮尺在肩胛骨后缘绕胸廓 1 周，所测长度即为胸围[图 8-4（b）]。

4. 产毛性能的评定

产毛性能评定时不仅要注意产毛数量，而且还要注意毛的

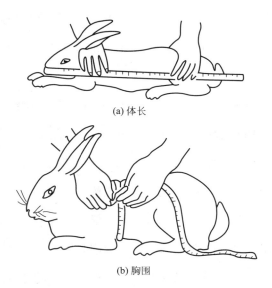

(a) 体长

(b) 胸围

图 8-4　兔的体尺测量

品质。产毛性能的指标有年产毛量、产毛率、料毛比等。此外，评定毛质量的指标有细度、长度、弹性、强度、深度、结块率等，其中以细度、长度、结块率最为重要。

(1) 产毛量　凡是种用长毛兔都必须计算个体年产毛量。对一般生产性兔场而言，需要计算兔群中的平均个体年产毛量作为兔群年产毛量水平。年产毛量是对长毛兔的一年总产毛量的计算。青年兔则从第 1 次剪毛日期算起，至满 1 年后，计算它的各次剪毛量的总和；成年兔计算这一年的 1 月 1 日起至 12 月 31 日止的各次剪毛量的总和。青年兔产毛性能常根据青年兔 1 年内的某 1 次产毛情况判断。

（2）产毛率 指 1 年估测产毛量与本身体重之间的比率，产毛率越高，则表示该毛兔产毛效能越强。

（3）毛料比 为统计期内饲料消耗量与统计期内剪毛量的比。

（4）优质毛率 指在同一次剪毛中，特级毛与一级毛的重量占该次剪毛总重量的百分率。该百分率越大，说明其中优质毛越多。

（5）粗毛率 指被毛中粗毛和两型毛所占的百分率，此项指标因为长毛兔生产类型的不同而有不同要求。对粗毛率的精确测定，也需要在实验室中进行，分为称重法和根数法两种，只有在特殊需要时才进行此项测定。在实践中，富有经验的工作人员通过对被毛的肉眼观察，也能粗略地估测粗毛的比率。在具体评比时需要注意兔的性别、年龄以及采毛的季节和采毛的方法等因素对测定粗毛率的影响。

（6）结块率 指采下的兔毛中结块毛占整个兔毛重的百分率，结块率越低越好，由于结块毛属于体外毛，结块率高会大大降低兔毛的整体等级，为了将结块率降低到最小程度，除了严格选种制度外，还必须改善管理水平。

5. 兔皮质量的评定

皮肉兼用兔和皮用兔质量的评定主要注意被毛长度、密度、均匀度符合品质要求与兔皮被毛粗细毛比例适中，绒毛丰厚弹性好。颜色要求统一美观、光泽好及皮幅大小，皮幅越大越好。皮张质地要求洁白、致密、均匀、厚薄适中。

（二）选择种兔的方法

种兔是指那些个体品质优良，而且又能把这些优良品质很好地遗传给后代的家兔。长毛兔选种方法按育种标准，根据所选择性状的遗传特性不同，采取不同的选择方法适当地进行选配，这样可以巩固优良的遗传特性，获得优质变异，提高下一代仔兔的质量。为使选种获得更大的效果，应及早按育种目标准确选出合乎选种要求的种兔。

1. 个体品质选择法

根据个体品质进行选择指根据个体各种性能的表现来选择优秀种兔个体淘汰低劣种兔个体的方法。这种方法适用于一些遗传力高的性状选择，选出表现好的个体就能准确地选出遗传上优秀的个体。长毛兔个体品质选择在实际生产中有两种具体方法。

（1）指数选择法　所谓指数选择法，是将各有关性状合并在一起计算出一种指数，称为选择指数，然后根据选择指数进行选种。长毛兔个体品质的评定，每一项目中都包含着很多具体的性状。计算选择指数的公式因要求不同而有不同。在实践中只是将一些重要的性状合并起来进行综合评定，而其他一些性状则用来作为补充或参考。

（2）独立淘汰法　独立淘汰法是在同一个阶段内根据两个或更多一些性状来选择种兔，需先对这几个性状按本兔场具体情况个别订立最低的选择标准，被选择的兔只有在几个性状都达到或超过最低标准时才被选留，如果其中有个别性状达不到标准，不论其总的情况如何，都要被淘汰。

2. 系谱选择法

系谱即为种兔的家谱。系谱选择是通过查阅和分析各代祖代的生产性能及其他材料，估计该种兔的近似种用价值，了解各种兔血缘情况选择种兔。考察的重点是父母代的品质和各代的品质趋势，主要是断奶仔兔。用系谱鉴定断奶仔兔时，把重点放在系谱中优良祖先的个数，尤其是指在最近几代中所出现的优良祖先的个数。祖先中是否出现过遗传性疾病或缺陷，如有此记录者，其后代不宜选作备用兔。

3. 后裔鉴定

根据子代的性能进行选种的方法，通称为后裔鉴定。方法是将不同个体的子代表型值进行高低对比，从而确定个体是否选留种用。这种鉴定法能证实所选出的种兔是否能够把遗传品质真实稳定地传给下一代。后裔测验在种兔选择上被广泛应用，它不仅应用于鉴定种公兔，而且可以鉴定母兔的育种价值。

（三）　种兔的选配

有目的有计划地选取亲和力好的公、母种兔交配繁殖以保证产生所需要的优良后代称为选配。选种之后，将什么样的公兔和什么样的母兔配对繁殖，也要进行选择。适当地选配，可以巩固优良的遗传特性，获得优质变异，提高下一代的质量。选配的方法可分为同质选配、异质选配、亲缘选配和年龄选配四种。种兔选择配偶主要根据种公兔和种母兔之间的个体品质和亲缘关系而进行。

1. 同质选配

同质选配就是选择生产性能或其他经济性状具有相同优秀遗传性状的公、母兔进行交配。目的是使亲本的优秀性状在后代中得以保持和巩固，使优秀个体增加，群体品质获得提高。如为了提高长毛兔的兔毛密度应选择毛密度性能好的公、母兔交配，使所选性状的遗传性能稳定下来。在育种实践中，当出现理想类型之后，可采用同质选配使其尽快固定下来。为了提高同质选配的效果，选配时以一个性状为主。高遗传力的性状，如体形外貌，则同质选配效果较好。如果亲本双方同时具有某种缺陷，则此性状也会在后代加以固定，因此不能选择具有相同不良性状的公、母兔进行交配。这一点必须引起注意。

2. 异质选配

异质选配是指选择具有不同优点的公、母兔进行交配，目的是使后代同时具有父母双方的优秀性状，从而提高后代的生产性能。例如选择毛长的公兔与毛密的母兔进行交配，则其后代仔兔具有毛既长又密的特点。另一种是选择同一性状优劣不同的公母兔进行交配，使后代仔兔的生长速度加快。异质选择可以综合双亲的优秀品质改良不良品质。以这两个性状而言属异质选配。所以，在一次选配中，不可能把同质选配和异质选配截然分开。

3. 亲缘选配

亲缘选配就是根据公、母兔之间的亲缘关系远近进行的选配。按照亲缘关系来分析，公、母兔的交配可分为亲缘交配和非亲缘交配两种。一般认为，在 7 代以内有亲缘关系的种兔间交配为亲缘交配，而 7 代以外的亲缘关系，因代数太远的祖先对后代的影响极其微弱可看作非亲缘交配。亲缘交配在育种工作中有重大影响，近亲交配常使后代产生衰退现象，如生长发育迟缓、繁殖力下降、生产性状下降等。近亲交配也常引起一些外形缺陷，如"牛眼""八字腿""隐睾"等，因此为了避免近交造成的不良后果，不能采用近亲交配，并应及时淘汰近亲交配产生的不良个体。加强配种管理，要求建立种用卡片，避免出现共同祖先总代数在 6 代以内的兔子相互交配，使近亲系数小于 0.781%，以消除基因造成的近交衰退。

4. 年龄选配

选配时除考虑品质和亲缘关系外，还应当根据种兔的年龄进行选配，因为年龄会影响生活力、生产性能和繁殖性能。青年公、母兔交配所生后代，生活力和生产力较强，遗传性能较稳定；一般壮年兔的生活力和生产、繁殖性能最好，因此以壮年公兔配壮年母兔为最好；种兔繁殖中要发挥壮年兔的核心作用，或老年公兔配青年母兔也可以；而老年公兔配老年母兔则效果最差。

（四） 繁育方法

长毛兔育种工作的目的，不仅是选出优良的种兔，更重要的是通过这些种兔来提高整个兔群的生产水平。如何提高兔群的品质，这要根据兔群的具体情况而定。长毛兔的繁育方法一般有纯种繁育和杂交繁育两种方法，在种兔繁育实践中被广泛应用。

1. 纯种繁育

良种兔的纯种繁育指的是仅用本品种（系）的优秀公兔和母兔交配，以把该品种的特性稳定地遗传给后代，保持该品种的特征，并且不断提高其生产性能。纯种繁育必须严格选种，长毛兔应选择具有健康、体形好、产毛量高等优良性状的兔子作为种兔，科学的选配，把优良品质传给后代，淘汰不符合标准的不良后代的个体。当长毛兔已形成优良品种后需要加强饲养管理，注意优良性状的不断巩固和提高。纯种繁育进一步定向繁育种群，品种内部建立品系、品族，防止生活力衰退，并随时发现和淘汰不同优秀性状的子代。

品系繁育是纯种繁育中一个重要的方法，品系繁育能不断提高优良品种特性，防止品种的退化。所谓"品系"是指品种内来自相同祖先的后裔群，这一群后裔不但一般性状良好，而且在某一个或几个性状上表现特别突出，它们之间既保持一定的亲缘关系，同时彼此间又较相似。品系繁育就是指利用各种方法来培育品系。用这种方法来降低近亲程度，经济效果好。品系繁育首先选出特别突出、优良的公兔，对该公兔的遗传性能、繁殖力、生产性能进行详细鉴定，证明是最优良的公兔，把它定为原祖。用这种公兔与最优秀的母兔交配，培育出一群具有原祖优点的个体，并具有一定数量即可称为一个品系。如从国外引进了优秀的德系安哥拉兔，用公的德系安哥拉兔与母的德系安哥拉兔交配，不断扩大德系安哥拉兔种群。不要与其他品种的兔配种，以免造成血统混乱，生产性能不稳定。

2. 杂交繁育

杂交是指不同品系的长毛兔之间的交配，通过用不同的品种进行杂交来获得种后代生产性能高的杂种兔群，可降低生产成本，提高利润，长毛兔杂交一代有很强的杂交优势，成活率高，成长快。有目的地从远方兔场引进健康优良种兔，与本场兔杂交；或利用不同品种兔杂交繁育。长毛兔生产中，长毛兔杂交方式有以下三种。

（1）改良杂交　某一品种长毛兔与另一品种长毛兔之间杂交，目的是使某一品种在保持原有品种特性基础上再吸收另一品种的优良性状，从而提高其种兔的产毛量和品质。例如，饲养的本地毛兔产毛性能较差，直接影响饲养的经济利益。为了迅速改变本地毛兔的这种状况，用本地毛兔作母本，从外地选用良种公兔作为父本进行杂交，使之产生产毛性能好的杂种后代。例如用中系安哥拉兔为母本，与德系安哥拉兔杂交，杂种一代的年产毛量为400～500克，大大超过了纯种中系安哥拉兔的产毛量。

（2）育成杂交　由两个或两个以上的品种进行杂交，一个优良兔种必然具有若干优良品质，例如要产毛性能优良，就必然要在体格、毛密度、毛的生长速度及其他各品质上表现优良，而实际上不可能每只种兔都使这么多品质保持在优良水平上。为了保持该兔种的这些优良性状，就必须选择具有不同优良特性的种兔，譬如某兔的毛密度性能特别优良，另一种兔的毛品质特别优良，以它们为基础建立成各个品系，以后通过品系间的杂交使后代兼备这几个品系的特点。因为品系间的亲缘一般远，所以通过品系间兔子的交配也可避免不恰当的近交。如法国戴葆斯选用了灰色野兔、喜马拉雅兔和蓝色兔作为亲本于1913年育成青紫蓝兔，使其兔皮毛具有独特的青紫蓝色彩，深受消费者青睐。如今在国内培育粗毛型长毛兔的过程中，也应用过这种杂交的手段。

（3）级进杂交（吸收杂交）　这是一种在杂交中增强外来优良兔种遗传影响的杂交方法。具体方法是，先用本地兔种与外来优良兔种杂交 1 次，然后将各代杂种反复与该外来良种杂交，这样随着杂交代次的增加，外来良种的遗传影响也就越大，因此称为级进杂交。一般以本地兔种为母本，外来良种为父本，以后在各代杂种中选择性能良好的母兔与外来良种公兔交配，而且用于各代杂交的良种公兔需要经常更换，以免在级进杂交过程中产生过高的近交系数。实践证明，级进杂交一般以不超过 3 代的效果较好。

三、 妊娠检查诊断和分娩

（一） 妊娠和妊娠诊断

母兔交配后，卵子和精子在输卵管前端靠近卵巢 1/3 段处结合成受精卵，可在交配 4～7 天后形成胚胎进入子宫，逐渐发育成胎儿，这一系列复杂的生理过程称为妊娠。兔的怀孕期为 30～31 天，可每月配种怀孕，母兔配种后经过 10～12 天，就可通过妊娠检查，确定是否怀孕。这对加强饲养管理、维持母兔健康、保持胎兔正常发育、防止流产、减少空怀、增加畜产品和提高繁殖力等均具有重要意义。妊娠诊断方法有外部观察法、摸胎法、黄体酮水平法和血小板诊断法。生产上常用以下方法诊断母兔交配后是否怀孕。

1. 外部观察法

母兔配种后第 5 天，将其放到公兔笼中进行复配检查，让公兔追逐、爬跨母兔。如果母兔拒绝公兔爬跨，在公兔笼中转或夹着尾巴伏在一角，毫无要交配的表现，就有妊娠的可能，到配种后 16 天可以再进行 1 次试情，以便进一步确诊。同时结合观察母兔外阴部，若为苍白色表明母兔没有发情表现。在母兔交配半月后腹围增大，行动稳重，采食量比以前增加，采食后即伏，毛色变得光亮，母兔体重明显增加，妊娠超过 15 天，则腹围增大，下腹突出，而且性情温顺，表明母兔可能妊娠。

2. 检查性复配

在第 1 次交配后的第 5～7 天要进行 1 次复配，可以用另1 只试情公兔放入母兔笼中试情。如果母兔躲避公兔，拒绝与公兔交配，边跑边发出"咕咕"叫声，通常认为已经怀孕。如果母兔接受配种，说明未受孕。这时把试情公兔拿走，而把母兔拿去与选定公兔交配。用此法检验母兔是否怀孕，并不一定准确，也出现过未受胎的母兔拒绝复配，而受胎的母兔接受交配的现象。

3. 体重检查

母兔在交配之前称重 1 次，将体重记录下来。交配半个月后再称重 1 次，若体重比交配前有明显增加，说明已受孕怀胎。如果体重相差不多，则说明没有受孕（2 次称重时间一致，以早上喂料之前，空腹称重为准，以免因进食造成误差）。

4. 摸胎检查

摸胎检查在实践中较为可靠。熟练者在母兔配种后 7～10 天，开始用摸胎的方法来确诊母兔是否已经受孕。初学者在母兔配种后 14 天摸胎可判断。在进行母兔妊娠检查时，摸胎一定要在母兔空腹时将其放在台面上，等兔子安静时再操作，且动作要轻柔，不可用力过猛。若母兔挣扎，则需待其安静后再摸胎。摸胎时勿将怀孕母兔提起，正确方法是检查者的左手握住母兔的耳朵和颈部，将母兔固定在台子或平地上，兔头朝向检查者的胸部，另一只手掌向上用拇指和食指呈"八"字形分开于母兔腹下，由腹部向鼠蹊部轻轻从前向后小心沿腹壁两旁摸索。如腹部柔软如棉，表示未受孕；受胎 12 天以后，小腹左右的上侧可摸到排列成行、柔软像黄豆大的椭圆形肉球，有弹性、能滑动，说明母兔已受孕。摸胎时应与粪球相区别，一般粪球僵硬且圆，指压没有弹性，也不滑动，分布面积大，不规则，且与直肠里的宿粪相连。而胎儿为椭圆形，柔软有弹性，指压滑动，多棱规则，排列在腹部后侧两旁，与直肠里的宿粪无关，妊娠超过 15 天左右，则腹围增大，外观明显，可以摸到几个连在一起的小肉球，摸时滑来滑去不易捉住。20 天以后摸胎可以摸到成形的胎儿，摸胎动作要轻柔，否则会引起流产或死胎。

5. 黄体酮水平测定法

黄体酮水平测定法设备要求高，只适用于大型种兔场使用。最早能判断出妊娠时间是交配后第 6 天。用该方法测定母兔血孕酮含量，当血孕酮含量高于 7 纳克/毫升者表明已经妊娠，当血孕酮低于 7 纳克/毫升则表明尚未妊娠。

6. 血小板含量测定法

血小板含量测定法是目前一种超早期妊娠诊断方法。以母兔配种前和配种后 48 小时血小板数下降率超过 30％为标准，血小板下降率超过 30％说明已经受孕。有关资料表明血小板测定法确诊率可达 80％。

（二）分娩行为

胎儿在母体内发育成熟后，由母体内排出体外的生理过程叫分娩。母兔怀孕期为 30～31 天，变动范围为 29～35 天。母兔在分娩时的表现比较明显，多数母兔在临产前 4～5 天，乳房肿胀，并可挤出少量乳汁；肷部凹陷，尾根和坐骨间韧带松弛；外阴部肿胀充血，黏膜潮红湿润。临产母兔食欲稍有下降，但仍愿采食青绿饲料，同时出现啃咬笼壁和拱食槽现象，活动减少，行为不安。临产前 2～4 小时（也有产前 1～2 天者）将母兔移入产房或放入产仔箱，母兔表现更为兴奋，频繁出入产仔箱，将草拱来拱去，四肢做打洞姿势。开始衔草拉毛筑窝，并拉下自身胸部乳房周围的毛，铺于产仔箱内。母兔拉毛筑窝是一种正常的生理现象，可刺激乳腺发育和泌乳。一般来说，母性好的兔子拉毛早而多，初产母性差的兔子产前多不拉毛。因此，对初产或不会拉毛筑窝的母兔，应人工辅助拉毛，以启发母兔自行拉毛，促进乳腺发育和泌乳。

母兔分娩多在安静的夜间，不喜欢在光线明亮处筑窝产仔。临产前数小时，母兔表现情绪不安，频繁出入产仔箱，并有四肢刨地、顿足、拱背努责和阵痛等表现。临产前母兔静卧在窝的一侧，前肢撑起，后肢分开，弯腰弓背，不时回头顾盼腹部，同时不断舔舐外阴、努责并引起尾跟抽动，这是即将产仔的征兆。当尾根抽动和舔舐外阴频率加快时，很快就会产出第一只仔兔，这时母兔将仔兔连同胞衣拉到胸前，咬破胞衣，咬断脐带，并将胞衣吃掉，舔去仔兔身上的黏液，再舔舐外阴，后来产出的仔兔则重复上述动作。如果产仔间隔时间短，来不及舔完每个仔兔，会待全部产完后再舔舐。产仔间隔长者，除有充分时间舔干净已出生的弱仔兔外，还可将外阴周围及大腿的血污舔干净，有时还吃尽带血的毛。

母兔分娩时间较短，一般产完一窝仔兔需 20～30 分钟。个别母兔产下 1 批仔兔后，间隔数小时或者数十个小时再产第 2 批仔兔。因此，在母兔产完仔兔后，应检查一下仔兔的数量，若发现仔兔过少时，要检查一下母兔的腹部，看其是否还有未产下的仔兔。分娩完毕，母兔用毛盖好仔兔，跳出产仔箱觅水。此时要及时满足母兔对水的需要，事先要准备好充足清洁的温水或淡盐水、米汤等，让母兔喝足水，以防母兔因找不到水喝，跑回箱内吃掉仔兔。如无人照料，常因分娩时缺水和饥饿造成母食仔兔。母兔产后仔兔应放在温暖和安全的地方，加强护理防止冻坏或被老鼠等伤害，以提高仔兔成活率。特别是冬季仔兔易受冻害和鼠害。若欲选择种兔，要测量仔兔个体重和窝重，作为母兔繁殖和育种的记录之一。母兔分娩 4～5 小时后会给仔兔喂奶；如不喂奶，可进行人工协助，将母兔捉入巢箱强制喂奶，每次 10～20 分钟，每天 2 次，连续 2～3 天母兔就会习惯。如果产仔数超过奶头数，哺乳母兔乳头不够或患有乳腺炎症，可采用寄养或进行人工辅助哺乳，长毛兔留仔4～5 只，皮用和肉用兔留仔 6～7 只，多的仔兔让别的母兔代养。仔兔哺育 40～50 天离乳后，母兔体质瘦弱，必须单个笼养，有一段时间休养，待体质复原后，方可再次配种。配种后要及时检胎，避免假妊娠，减少空怀。

第九章 公兔阉割术

一、 公兔的生殖系统结构

公兔的生殖系统由睾丸、附睾、输精管、副性腺及阴茎组成。1 对睾丸，是产生精子和分泌雄性激素的腺体，左右各 1 个，呈卵圆形。幼兔的睾丸位于腹膜内，待性成熟后在生殖季节才下降至阴囊内。附睾很发达，是大而卷曲的管，它的壁细胞分泌酸性黏液，构成适宜于精子存活的条件。精子在这里经过重要发育阶段而成熟。附睾下端经输精管到达阴茎、尿道而通体外。副性腺有精囊腺、前列腺和尿道球腺等。

二、 公兔阉割

阉割术又称去势术，俗称劁骟，通过摘除种兔的生殖腺（公兔的睾丸或母兔的卵巢），以中断其生殖机能的一种外科手术。阉割术的目的是使其性情温顺，便于饲养管理。兔体生长迅速，便于育肥，并使肉质细嫩，长毛兔提高产毛量和皮毛质量，同时节约饲料，淘汰不良种兔，利于选种配种。此外，还可以治疗兔体的生殖器官疾病，对兔来说，一般只阉割公兔。传统阉割术具有手术器具简单，操作简便，阉术速度快，安全，巧妙，效果好等特点，而且阉术后身体恢复快。失去种用价值、不宜留作种用的公兔或淘汰的成年公兔，尤其是毛兔均可阉割。但如有必要，母兔也可以阉割（卵巢摘除术）。

1. 阉割年龄与时间

小公兔到 2.5～3 月龄左右睾丸开始出现时即可施行阉割手术。

2. 器械与药品

阉术刀（可用刮脸刀片代替）1 把，阉术刀需用 70％酒精和 5％碘酒进行消毒。

3. 术前检查和准备

术前要检查阉割兔确实无病才能施行阉割。健康兔与病兔外观鉴别方法如下。

（1）看饮食与粪便　健康兔食欲旺盛，喂给正常量食料15～30 分钟就能吃完。健康兔一般饮水较少。粪大小如豌豆，光滑圆润。病兔给食不吃，或者想吃不进口，食欲减退、喜饮水。粪干硬而小，一头尖或粪成串成堆，并有酸臭味或粪便带血。

（2）看形态　健康兔躯体匀称，肌肉结实丰满，被毛光滑；卧伏时，前肢伸直互相平行，后肢合适地置于腹下；跳动时轻快敏捷；除觅食外，大部分时间假睡和休息；夏天卧伏和伸长四肢；冬天则蹲伏；休息时稍有动静便睁眼、竖耳、抬头。如有异常表现则是病兔。

（3）看皮肤、眼睛和耳朵　健康兔皮肤结实、有弹性，被毛浓密、柔软有光泽。兔眼圆瞪明亮有神，眼角干净。白兔耳呈粉红色微温。如发现兔毛粗糙蓬乱易脱落，眼睛红肿、流泪、有眼屎，耳朵耷垂呈青色，或耳红烫手及手握发凉，则是病兔。

（4）检查体温、脉搏和呼吸　健康兔正常体温是38.5～39.5℃，小兔高于成年兔，下午高于上午，夏季高于冬季。成年兔正常脉搏为每分钟80～100次，幼兔为120～140次，老年兔为70～90次。呼吸次数成年兔为每分钟20～40次，幼兔为40～60次。患急性传染病时体温上升，脉搏加快，心脏和胃肠有病则呼吸加快；患肺炎、中毒、传染病时呼吸困难。

此外，阉割前要准备好阉割工具和消毒药品，并将术部长毛剪短，以免妨碍施术。

4. 保定方法

捕捉家兔不能抓提两耳，避免耳根受伤，也不宜倒拎兔的后腿，因为兔等动物不宜头部朝下运动，如将兔倒悬，兔就比其他动物容易发生脑充血，甚至会造成死亡。术者可用右手提起公兔颈背的皮肤，右手拖住臀部，捕捉后把四肢保定。由于兔子太紧张，常将睾丸缩入腹内，可由助手将兔悬空提起片刻，使兔精神放松，睾丸自然下落，然后进行保定和施术。使兔仰天安卧于助手膝上，随即固定兔的四肢。也可使公兔左侧着地躺卧，手术时左脚踩住两耳根部，右脚踩住尾根部，左手掌侧压右侧后肢保定亦可。要求充分暴露睾丸（图9-1）。

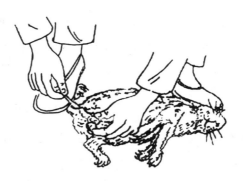

图9-1　公兔阉割保定法

5. 阉割方法

公兔的阉割方法有以下3种。

（1）刀阉法　当公兔睾丸未缩入前术者迅速用左手手指紧捏两阴囊上端的睾丸入口处，将睾丸从腹股沟挤入阴囊并控紧，不让睾丸滑动再行缩入。然后用75％酒精棉球涂擦或2％碘酊棉球在术部切口处消毒。右手持消过毒的手术刀顺睾丸纵向先后切开两阴囊内外皮层，切口不宜大，约 1 厘米长，以能挤出睾丸为度（图 9-2），顺手将左右睾丸连同鞘膜一起挤出。为防止出血过多，可在切断精索处先用消毒的丝线结扎，然后用右手指甲把上下血管和韧带掐断，取下睾丸（指甲掐断血管易封口，利剪剪断不易封口），这样就可以避免兔的肠道通过宽大的鞘膜管从阴囊切口内脱出。最后用 70％酒精棉球或碘酊棉球在阴囊切口处涂擦消毒，防止发炎。用同方法阉割另一侧睾丸。

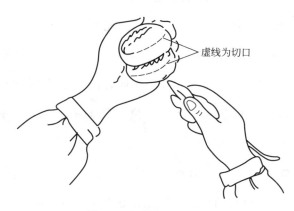

虚线为切口

图 9-2　阉割睾丸的手势

刀阉术后护理与注意事项：术后将兔放入垫干草的兔笼中休养，加强饲养管理，术后切口未愈合前禁止跳跃等剧烈活动和淋雨。

阉兔时注意事项如下。

① 病兔不宜阉割，因为患病兔阉割后有死亡情况，识别

病兔可通过问诊、视诊、触诊①叩诊和嗅诊综合分析或进行实验室检验等方式进行。

② 发情种兔不宜阉割，发情的种兔输精管粗壮，红肿充血，因而正在发情的种兔暂时不要阉割，待到发情后再复查，不发情时施阉割术，以免施阉割术时发生大出血。

③ 喂饱后不宜阉割，兔施阉割术前要禁食半天，以利顺利施术。

④ 夏季中午不宜阉割，因为中午气温特别高，公兔阉割后如输精管不结扎易引起出血过多而死亡。

⑤ 手术部位应准确，切口边缘应整齐，大公兔血筋较粗，为了防止术后出血，可先在挂断血筋处稍上方用丝线结扎。

⑥ 阉割手术器械及手术部位必须彻底消毒，防止创口感染。

⑦ 兔阉割后应放到洁净而干燥的兔圈内隔离饲养，加强管理，喂食易消化的食物，切忌猛赶以防创口损伤，阉后1周不下水；放牧时，不能让切口溅上污泥、污水，以防切口被污水浸渍感染。

⑧ 阉割后兔不宜久卧，要适当运动，以畅气血，但不可进行追逐奔跑、剧烈运动。

⑨ 在种兔等家畜阉割施术中，由于家兔品种、个体及生理上的差异，施术者熟练程度的不同，家兔阉割后会发生各种

并发症，轻者使兔在阉术部位出血，可用棉球压迫或用止血钳夹住出血管止血；重者阉割并发症应及时治疗，防止兔在阉割后死亡。

（2）结扎阉割法　公兔3月龄左右，可以采用结扎阉割法。过早则睾丸不易找到，即使找到也易影响阉割效果。此法操作简单，无不良反应。结扎阉割时，将阉割兔腹部朝上，用绳把兔的四肢分开绑在凳子上进行固定，术者用左手将两侧睾丸由腹股沟分别挤入阴囊，并将睾丸捏紧不使其滑动。用70%酒精棉球或2%碘酒涂擦术部消毒，然后即可在公兔的左右阴囊基部用消毒的丝线或橡皮筋、尼龙线将两个睾丸连同阴囊一起扎紧，阻断睾丸内血液循环，停止营养供应。睾丸结扎后第2天发生红肿，第3天变紫色，10天后结扎过的睾丸即能自然萎缩脱落。公兔睾丸在萎缩之前有几天肿痛期，会影响阉割兔的采食和增重，属正常现象。

（3）药物阉割法　公兔达到3月龄左右可用药物阉割法去势。过早睾丸不易找到，即使找到，也易影响阉割效果。此法操作简单，无不良反应。具体方法是阉割前将公兔保定好，用碘酊消毒阴囊纵轴前方，然后将配制的10%氯化钙溶液（配制方法是用氯化钙1克，溶于10毫升蒸馏水中，再加入0.1毫升甲醛溶液，摇匀过滤后即成）分别在左右睾丸各注射1～2毫升。注射时一定要把药液注入睾丸的中央，切忌注入阴囊内。注射后睾丸开始肿胀，3～5天后自然消肿，1～2周后，睾丸明显萎缩。此法适用于成年公兔的阉割。

（4）针挑法　术前先将公兔垂直拎起，使睾丸下垂，用左手食、拇指捏住睾丸，并将兔的头部夹在左或右腋下进行固定，然后用针挑破阴囊顶部，左手迫使睾丸挤出，用右手摘除即可。术者的双手及钢针都要在阉前用碘酒或酒精消毒，以防伤口感染。手术宜在晴天上午进行。先在笼内放一些干净的草，再将阉割后的公兔放回。

第十章　长毛兔疾病防治

一、　兔病的预防

　　长毛兔属于小动物，以笼养为主，其抵抗力不如牛、羊和猪强。而且长毛兔疾病种类繁多，包括传染病、寄生虫病等，其中传染病危害最严重。这些疾病往往可大批发生，发病率和死亡率均很高，严重时可导致全群死亡，给养兔生产造成巨大的经济损失。为了保障养兔生产的发展，提高养兔的经济效益，养兔必须要坚持"预防为主"的方针，否则，一旦出现疫情就显得十分被动。因此，加强长毛兔疾病日常预防工作，采取综合性预防措施，控制兔病发生是保障兔群健康发展和提高生产效益的重要措施。

（一）　饲养管理

　　加强饲养管理，是增强长毛兔机体抵抗疾病能力、防止传染病发生的重要措施。在饲养过程中应该做好以下工作。

1. 分群饲养，实施科学饲喂的方式

应按长毛兔的年龄、性别分群饲养，成年长毛兔，尤其是公兔应该单笼饲养。由于长毛兔白天除采食外，多静伏于笼内，夜间却十分活跃，采食也频繁，因此，要根据长毛兔的生活习性喂食。为防止夜间精料被老鼠偷吃及由此可导致饲料被污染而有潜在发生传染病的可能，早晨喂精料应是日粮的1/3，傍晚喂日粮的2/3，中午和夜间各喂1次青绿饲料。长毛兔是草食动物，应以青粗饲料为主，精料为辅，所以饲料配方应按长毛兔所需营养成分合理搭配。由于一年四季饲料的原料种类不同，所以在变换饲料时要逐步过渡，可以先更换1/3，间隔几天再更换1/3，大约在10天更换结束，并要做到定时、定量，只有这样才可能使长毛兔的消化机能逐渐适应变换的饲料，避免由于突然更换饲料而引起长毛兔的消化道疾病等。

2. 注意饮水、饲草和饲料的卫生

水是所有动物机体所不可缺少的重要成分，因为水可帮助动物对吃进体内食物的消化、营养物质的吸收，把营养物质运送到身体各个组织器官，还有助于新陈代谢产生的废物和有害物质的排泄以及调节体温、保持体温的稳定。当长毛兔体内出现不同程度的缺水时，就会发生各种各样的疾病。夏季气温很高，长毛兔更离不开水，因长毛兔身上缺少汗腺，靠呼吸散发

体内的热量，呼吸越快，呼出的水汽越多，此时长毛兔若得不到水的补充，就容易中暑。母兔在分娩过程中消耗很多水分，若此时母兔得不到水分，就会发生吃仔兔现象。母兔哺乳期要分泌大量乳汁，若体内缺水，会使乳汁过浓，仔兔吮吸不畅，仔兔若咬破母兔的乳头而使其感染葡萄球菌，可使母兔患乳腺炎，又会导致仔兔发生黄尿病。在饲养过程中也常见一些长毛兔精神委顿，食欲不振，粪便干燥、粗糙，这是轻度缺水造成的。有的粪便细硬，形似赤豆，或幼兔粪便细小似人丹，这说明长毛兔已严重缺水。对水质的要求，不要喂河塘的不洁水或非流动水。若无自来水，可以用井水。夏天在饮水中可添加0.5％食盐，切忌在冬季饮用冰水。

长毛兔吃的草多是野外割来的，一般带泥的都比较脏，特别是露水草，兔子吃后容易患胃肠道疾病和寄生虫病，因露水草含有许多病原菌和寄生虫卵，因此最好把割来的草先用水漂洗一下，放在草架上晾至不滴水后再喂。同时还要注意饲料是否变质或霉变。长毛兔若吃了变质或霉变的饲料，易引起消化道疾病，严重者甚至引起中毒等。

3. 坚持"自繁自养"

坚持"自繁自养"，主要目的是防止因引进兔种而带入兔病，造成疾病的传播。因此，兔场需要引种时，只能从非疫区引种，即从健康兔场选购良种兔，而且必须经当地动物防疫机构的检疫，并签发检疫合格证。长毛兔被引进后，应由本场兽医人员再行验证、检疫、隔离饲养观察2周至1个月，确认为健康兔，经过驱虫，未注射疫苗的补注疫苗后方可合群饲养。

4. 创造良好的饲养环境

良好的饲养环境，对预防兔病、增强兔群体质和提高总体抗病能力十分重要。养兔场应选择地势干燥、背风向阳、供水和交通方便、水源充足、排水通畅的地方。养兔场和生活区应严格分开，养兔场还应距离主要交通干线、居民生活区、学校、河流等500米以上。养兔场要搞好绿化工作，这对改善养兔环境有重要作用（如冬季可降低风速，夏季可降低气温，又可使场内空气净化）。此外，兔场还应该配置兽医治疗室、化验室、病兔隔离室、剖检室和尸体处理设施等。饲料加工车间应建在全场上风向。兔场要尽可能做到防鼠防蝇。应采用自来水或井水，输水管道直通各幢兔舍，不用场外的河塘水，以防饮水污染。

在集约化、高密度的饲养条件下，兔舍建筑在满足采光和通风的前提下，应尽量多设门窗，以利采光和通风。在南北方向靠近舍内地面处设地窗，夏季开启可通风防暑。开放式兔舍，冬季要用塑料大棚保暖，并设置小窗户，以满足保暖期间换气、清除氨气味的需要，每周可用EM原露，喷雾2～3次。夏季在兔舍上使用遮光网防暑。

（二） 严格执行消毒制度

消毒的目的是消灭环境中的病原体，是杜绝一切传染来源，阻止疫病蔓延的一项重要的综合性预防措施。消毒之前，要根据兔场自身条件，选择最适宜的消毒剂。在兔场大门外要设消毒池，消毒池内的消毒液要保持有效浓度；兔舍门口设有更衣室、消毒室；出售长毛兔要有接运出口。对兔舍、兔笼及用具要定期清扫消毒。冬季每周进行 2 次重点消毒，夏季每周进行 3 次重点消毒。兔舍消毒，先要彻底清扫污物，用清水冲洗干净，待干燥后再进行药物消毒。

在进行消毒时，要根据病原体的特性、被消毒物体的性能与经济价值等因素，合理地选择消毒剂和消毒方法。常用消毒药物有氢氧化钠、新洁尔灭、高锰酸钾、来苏儿、百毒杀、二氯异氰脲酸钠等。

兔舍、兔笼清扫后，将粪便和污物堆积到离兔舍较远的堆粪场做生物热发酵处理。地面用水冲洗干净，待干燥后用 3％来苏儿或 1∶800 二氯异氰脲酸钠溶液等喷洒在地面上；兔笼的底板可浸泡在 5％来苏儿或 1∶500 二氯异氰脲酸钠溶液中消毒；对环境、笼舍等可选用火焰喷灯消毒或选用不同药物，用喷雾器进行消毒；兔食槽等用具可放在消毒池内用一定浓度的消毒药物（如 5％来苏儿、0.1％新洁尔灭、1∶1000 百毒杀）浸泡 2 小时左右，然后用自来水刷洗干净，晾干后待用；

兔舍顶棚或墙壁可用 10%～20% 的石灰水；金属物品最好用火焰喷灯消毒。

工作服、毛巾和手套等，要经 1%～2% 的来苏儿洗涤后，高压或煮沸消毒 20～30 分钟，手可用 0.1% 新洁尔灭浸泡 5 分钟等，兔毛可用环氧乙酸或福尔马林熏蒸消毒。

（三） 预防接种

预防接种也就是注射疫苗，使长毛兔对相应疾病产生免疫力，以达到防病的目的，它是控制传染病的一种重要手段。各地养兔要根据当地疫情情况，制订每年的防疫计划；按适应本地的免疫程序进行免疫接种。在使用疫菌苗时必须使用合格产品，应根据疫苗使用说明进行，以免发生不良反应，所用的注射器和针头等应该严格消毒，每只兔单独使用 1 支针头，防止造成不必要的损失。注射前要认真检查，凡有异常者不可使用。疫菌苗注射后应立即做好记录。

目前兔用的疫苗有 10 余种，要消灭和净化一种疫病，不是说一个兔场所有十余种疫苗都要用，而是一定要根据兔场自身疫病存在情况进行选择。但任何一个养兔场都必须使用病毒性出血症（俗称兔瘟）的疫苗，因兔瘟流行面广，致死率高，造成的经济损失大。除免疫接种外，还要注意采取综合性预防措施。

目前我国用于长毛兔预防主要传染病的常用疫苗及使用方

法见表 10-1。

表 10-1　长毛兔常用的几种疫苗及使用方法

疫苗名称	预防的疾病	接种对象、方法和说明	免疫期
兔瘟灭活苗	兔瘟	按瓶签说明使用,断乳日龄以上的长毛兔,每兔皮下注射 1 毫升,7 天左右产生免疫力,每兔每年注射 2 次	6 个月以上
肖扑氏纤维瘤病毒疫苗	黏液瘤病	按瓶签注明的剂量加生理盐水稀释,断乳日龄以上的长毛兔,每次皮下注射 1 毫升,4 天后产生免疫力	1 年
黏液瘤兔肾细胞弱毒苗	黏液瘤病	同扑氏纤维瘤病毒疫苗	1 年
巴氏杆菌灭活苗	巴氏杆菌病	30 日龄以上的长毛兔,每兔注射 1 毫升,7 天后产生免疫力,每兔每年注射 2 次	4～6 个月
支气管败血波氏杆菌灭活苗	支气管败血波氏杆菌病	怀孕兔在产前 2～3 周,或配种时,断乳前 1 周的仔兔及青年、成年兔,每兔皮下或肌内注射 1 毫升,7 天后产生免疫力,每兔每年注射 2 次	6 个月
魏氏梭菌性肠炎灭活苗	魏氏梭菌性肠炎	30 日龄以上的长毛兔,每兔皮下注射 1 毫升,7 天后产生免疫力,每兔每年注射 2 次	4～6 个月
伪结核病灭活苗	伪结核耶新氏杆菌病	断乳前 1 周的仔兔及青年、成年兔,每兔皮下或肌内注射 1 毫升,7 天后产生免疫力,每兔每年注射 2 次	6 个月
沙门杆菌病疫苗	沙门杆菌病(下痢和流产)	断乳前 1 周的仔兔、怀孕初期的母兔及青年、成年兔,每兔皮下或肌内注射 1 毫升,7 天后产生免疫力,每兔每年注射 2 次	6 个月
呼吸道疾病二联苗	波氏杆菌病、巴氏杆菌病	仔兔断乳前 1 周、怀孕兔妊娠后 1 周,其他青年、成年兔,每兔皮下或肌内注射 1 毫升,7 天后产生免疫力,每兔每年注射 2 次	波氏杆菌病 6 个月,巴氏杆菌病 4～6 个月

疫苗名称	预防的疾病	接种对象、方法和说明	免疫期
巴魏二联苗	巴氏杆菌病、魏氏梭菌性肠炎	20～30日龄仔兔,每兔皮下注射1毫升,7天后产生免疫力,每兔每年注射2次	巴氏杆菌病4～6个月,魏氏梭菌性肠炎4～6个月
巴瘟二联苗	巴氏杆菌病、兔瘟	断乳日龄以上的仔兔,每兔皮下注射1毫升,7天后产生免疫力,每兔每年注射2次	巴氏杆菌病4～6个月,兔瘟6个月以上
魏瘟二联苗	魏氏梭菌性肠炎、兔瘟	断乳日龄以上的仔兔,每兔皮下注射1.5毫升,7天后产生免疫力,每兔每年注射2次	魏氏梭菌性肠炎4～6个月,兔瘟8个月以上

（四）药物预防

药物预防是为预防长毛兔某些疾病和促进长毛兔生长,在饲料中添加某些抗生素或化学合成的抗菌药物,目的是获取预期或更佳的饲养效果。鉴于目前对有的疫病,还没有合适疫苗可供防疫的情况,可针对性地进行药物预防,在饲料中或饮水中添加某些高效、安全、廉价的药物,进行群体的药物有效地预防,在一定时间内可以使受威胁的易感兔不受疫病的危害。如在饲料中添加氯苯胍、克球粉预防球虫病的发生;土霉素可以预防兔巴氏杆菌病、大肠杆菌病等疾病的发生。在使用药物预防时,不能长期和大剂量使用,否则易产生耐药性,而影响药物的预防效果。有条件的养兔场可经常进行药敏试验,选择高度敏感的药物用于预防。为保证兔肉品质及安全,凡在饲料中添加化学药物预防兔病,应严格执行兔在屠宰前停药的要求，以保证滞留在兔体内的药物残留能逐渐排泄殆尽。

二、 兔病的诊断

兔病的诊断，首先要从检查病兔、收集症状着手。在检查病兔、收集症状的过程中，既要注意全面，又要掌握重点，并且还要善于发现问题，提出线索，步步深入。只有收集到的材料十分丰富且合乎实际，才能根据这样的材料做出正确的诊断。

在检查病兔、收集症状以后，必须对所得的各种材料做连贯起来的思索，进行分析。在分析时，要把症状区分为哪些是主要的，哪些是次要的，哪些是特殊的，哪些是一般的，着重抓住那些主要症状和特殊症状。因为有些疾病的许多症状往往是随着病程的发展而逐步地表现出来的，或随着病程的发展而逐步地演变。因此，在分析时，还要求我们对疾病的发展过程进行系统观察，不能静止地、孤立地看待病兔表现出来的症状。

在分析症状、确定诊断之后，诊断工作还要实施防治、验证诊断。判定诊断是否正确，要应用于防治实践，看是否能够达到预期的目的。

综上所述，从检查病兔、收集症状，分析症状，确定诊断到实施防治、验证诊断，是诊断疾病的认识过程，几者互相联系，不可分割。其中收集症状是认识疾病的基础；分析症状是暴露疾病本质、制定正确防治措施的关键；实施防治是诊断兔病的必由途径，绝对不可偏废。

（一） 检查病兔、 收集症状的方法

1. 病兔登记及病历书写

病兔登记和病历书写，就是把调查询问的结果、检查病兔得来的症状以及治疗措施等系统地记下来。病兔登记主要根据病历的要求，把畜主（饲养人员）、地址（兔舍、兔笼号）、病兔品种、性别、年龄等记下来，供检查时参考。

病历书写一般包括病兔登记、病史、收集到的症状、治疗日记以及小结等。对疑难病例，一时不能确诊的，可先填初步诊断或疑似诊断，待确定以后再填最后诊断。

2. 问诊

问诊是向饲养员询问患病兔病史，了解兔病的情况及相关经过，为检查病兔和确定诊断提供线索。有的疾病单由对病史的询问就可以诊断，如长途运输中暑的症状逐步表现明显。多数的疾病通过问诊大概可以断定生病的主要器官。有时问诊可以判定疾病的原因，如食物中毒。因此，问诊是一项不可忽视的工作。问诊究竟应该问些什么？由于病情不同，可以灵活掌握。一般应着重了解以下几方面。

（1）病兔的发病时间，发病后的主要表现，以前生过什么病，周围有没有同样疾病发生，病兔数目及有无死亡等。通过

询问上述内容，可以了解疾病是急性还是慢性，病程在初期还是在后期。有的疾病容易从急性转为慢性，如胃肠炎。还可推断患病的主要器官，以及疾病是传染病，还是普通病。

（2）病兔在发病前的饲养管理情况，是否与最近购入的种兔一起饲养，打过什么防疫针，什么时候打的。因为饲喂不当容易引起消化道疾病。兔瘟往往由于购自流行地区的兔子而造成。预防注射对于一些传染病的鉴别诊断有重要的参考价值。

（3）病兔治疗过没有，用过什么药，效果如何。询问来的材料，不要无条件地完全肯定或否定，应该分析是否合乎客观规律，然后再与观察、检查到的材料比较对照，最后予以适当的评价。

3. 基本检查方法

基本检查方法是诊断疾病最基本和最常用的方法，包括视诊、触诊、叩诊、听诊和嗅诊。

① 视诊。就是用肉眼来观察病兔，可以发现病兔以及主要病变部位的形状和大小等。有些疾病是靠视诊就可以确诊的，如传染性鼻炎、眼结膜炎等。

② 触诊。就是用手抚摸或压触检查患病兔的相关部位，以确定病变的位置、硬度、大小、温度、压痛及是否有移动性等。若压之有波动感，则可能是皮下水肿或脓肿。

③ 叩诊。依靠叩打病兔体躯的某一部位所发声响的性质，来查知叩打部位发生的变化。

④ 听诊。通过在兔体表面用听诊器听取兔体内部器官活动产生的声音来判断器官状况。家兔的听诊使用不多,因家兔心跳和呼吸均比其他动物快,听诊不易辨别病症。

⑤ 嗅诊。家兔出现腹泻时,较容易依靠嗅觉来嗅察排泄物等气味。

4.临床检查顺序

临床检查病兔必须有一定的顺序,才不至于遗漏主要症状。临床检查通常按一般检查和系统检查的顺序进行。

(1)一般检查 主要包括外貌、精神状态、皮肤与被毛、可视黏膜、体温测定、呼吸及脉搏的测定等,了解一般情况,得出初步印象,然后再重点深入进行分析。

① 外貌检查。检查时应注意外形、肌肉、骨骼等是否正常。体格发育和营养良好的健康家兔,其外观躯体各部匀称,肌肉发达,皮下脂肪丰厚,骨骼棱角处不显露。发育和营养不良的家兔,表现为体躯矮小,瘦弱无力,骨骼显露,发育迟缓或停滞。

② 精神状态检查。家兔的精神状态是衡量中枢神经机能的标志。健康家兔的行动、起卧都保持固有的自然姿势,动作灵活,轻快敏捷,两眼有神,稍有动响或有人接近兔笼,立即抬头,两耳竖立,如受惊恐,会用后足拍打地面,在笼中窜跑。带仔母兔变得具有攻击性。若母兔正在产仔则会发生吃仔现象。健康兔白天除采食外,大部分时间处于休息状态,两眼

半闭，呼吸动作轻微，稍有动静时，立即睁眼。当中枢神经机能受到抑制时，会出现精神沉郁，反应迟钝，头低耳垂，眼闭呆立，有的出现跛足或异常姿势。总之，过度兴奋或抑制，都可出现异常反应。

③ 皮肤与被毛的检查。皮肤检查要注意皮肤的颜色、温度、湿度及弹性是否正常，另外要查看有无外伤、肿胀等现象。皮肤异常，如发现皮肤苍白则是贫血的现象，发红尤其是出现红斑点可能是患了传染病，如患兔瘟时皮肤出现红斑和丘疹。当循环障碍或呼吸困难时，皮肤因缺氧呈暗紫色，当体表局部有炎症或周身性发热时，可使皮肤温度升高。若全身性脱水可使皮肤发干，弹性减退。

健康家兔被毛平滑、有光泽、生长牢固，并随季节进行换毛。如被毛粗乱、蓬松、缺乏光泽，则是营养不良或慢性消耗性疾病的表现，如非季节性、年龄性和孕兔拉毛或脱毛现象则是一种病态，应查明原因。常见的皮肤、被毛异常可见于疥螨病、体表霉菌病等。

④ 可视黏膜检查。家兔的可视黏膜包括眼结膜、鼻腔黏膜、口腔黏膜和阴道黏膜。正常时呈粉红色。最易检查的是眼结膜，可用左手固定家兔头部，右手食、拇指拨开眼睑即可观察。眼结膜颜色的病理变化有以下几种情况。

结膜潮红：结膜呈弥漫性潮红，是充血现象。多见于某些热性病和传染病，如中暑、脑充血等。

结膜苍白：是贫血的象征。多见于长期营养不良、寄生虫病及慢性消耗性疾病等。

结膜黄色：是胆色素将结膜染黄的结果。见于各种肝脏疾病、小肠黏膜卡他及寄生虫病如肝片形吸虫病、豆状囊尾蚴病等。

结膜发绀：呈蓝紫色，是高度缺氧所致。见于肺炎、中毒病、心力衰竭等。

另外要检查眼结膜的分泌物（眼屎），凡有分泌物者，一般是有病的表现。分泌物有水样、黏液样或脓样几种。

⑤ 体温测定。对家兔体温的测定，不仅是临床诊断的主要项目之一，而且还可以借助体温变化来推测和判定疾病的性质。若出现高热，多属急性传染病全身性疾病，如急性巴氏杆菌病、兔瘟或野兔热等。无热或微热多为普通病，如消化不良等。大失血或中毒以及濒死前的衰竭，往往体温低于常温，预后不良。有经验的人用手触摸兔的耳根或胸部，能基本断定是否发热，当然不如体温表测温准确。体温测定方法，一般采用肛门测温法。先在体温表上端拴上 1 条线绳，线绳的另一端拴 1 个铁夹。使用前先把体温表的水银柱甩到 35℃ 以下，并在表头上涂一些油类的润滑剂。测温时，用左臂夹住兔体，左手提起尾巴，右手将体温表慢慢插入肛门，深度 3.5～5 厘米，然后将铁夹固定在臀部被毛上，停留 3～5 分钟后再取出。家兔的正常体温为 38.5～39.5℃（表 10-2）。

表 10-2　健康长毛兔正常生理值

项目	数值
体温/℃	38.5～39.5
脉搏/(次/分)	
成兔	80～100
幼兔	100～160
老兔	40～60
呼吸/(次/分)	38～60
红细胞数/($\times10^6$/毫升)	8～15(12)
血红蛋白/(克/100毫升)	6.2
血浆总蛋白/(克/100毫升)	7.43
血小板数/($\times10^6$/毫升)	6～12(9)
白细胞数/($\times10^6$/毫升)	2000～6000(4000)
中性粒细胞/($\times10^6$/毫升)	100～1000(500)
单核细胞/($\times10^6$/毫升)	200～500(300)
淋巴细胞/%	63～69
血红素/(克/100毫升)	10.4～15.6

⑥ 呼吸、脉搏的测定。呼吸系统检查主要看呼吸运动时胸部起伏或腹部肌肉的运动。健康长毛兔每分钟呼吸 50～60 次，在正常情况下平稳，但呼吸次数变化与兔龄和外界环境条件（如气温、运动等）有密切关系。幼兔比成年兔呼吸数多，夏季比冬季呼吸次数多，运动也使兔的呼吸次数增多。呼吸次数增加见于某些呼吸道疾病，如肺炎、巴氏杆菌病等。呼吸次数减少，见于中毒病、瘫痪病等。

兔体脉搏可在后腿内侧股动脉处检查，如果检查不出，可用听诊器根据其心率来确定。家兔脉搏（心跳）比其他动物都快，成年兔每分钟为 80～100 次，幼兔每分钟为 100～160 次（表 10-2）。所以一般对家兔的脉搏是无法计算的。当然要使家兔安静下来后检查为好。超出正常范围的脉搏称快脉，常见于热性心脏疾病。脉搏比正常时减少称慢脉，见于心脏疾病和中毒性疾病等。

（2）系统检查　一般检查完毕，接着就是进行系统检查。在一只或一群病兔上，可能同时出现许多病症，在进行系统检查时，不要主次不辨，否则就要拖延诊断时间，同时可能因抓不住疾病的本质而造成错误的诊断。应当根据问诊提供的材料和一般检查的印象，找出系统检查的重点。

① 消化系统检查。消化器官的发病率，不论在大兔或幼仔兔中都是比较高的。此外，许多传染病、寄生虫病以及中毒病等，也都在消化器官表现明显的变化。因此，消化系统的检查有着特别重要的意义。

a. 食欲和饮水的检查。食欲的好坏和饲料的性质、种类以及是否突然变换有关系；采食减少，是病兔首先表现出来的重要症状之一。特别是胃肠道各种疾病，均有食欲不振的表现。采食不定，多为慢性消化器官疾病。一点不吃见于各种严重的疾病。从一点不吃转为开始吃一点，表示疾病有所好转。如果病兔采食从减少转为不吃，则表示病势在加重。有时可在缺乏微量元素或维生素时发生家兔食欲反常（异嗜），舔食粪、尿、被毛或母兔吞食仔兔，发生严重腹泻而引起脱水，能见由少量缺水而至不饮水，一般预后不良，如在疾病过程中饮水逐渐恢复，则为疾病的好转现象。

b. 口腔检查。检查时用木棒或开口器把兔嘴张开，检查口腔黏膜是否正常，有无流涎现象，如果兔口腔内有出血点或溃疡，常见于传染性口炎。

c. 腹部检查。家兔腹部检查主要靠视诊和触诊。视诊主要观察腹部形态和腹围大小，若腹部容积增大，见于怀孕、积气、积食和积液。积食多在胃内。积气是腹部上方膨大，腹壁紧张，叩诊发出鼓音。积液的特征是腹部两侧下方膨大，触诊有波动。腹部局限性隆凸，见于腹壁水肿或脓肿。腹部容积缩小，体质衰弱，主要由于营养不良及慢性下痢等原因造成。发生腹膜炎时，触诊病兔因痛感而用力挣扎。当便秘或胃肠内有异物（毛球）时，在腹部可以摸到硬固的粪块或异物。

d. 腹腔脏器主要检查胃、肠、脾等。

i. 胃的检查。兔是单胃，前接食管，后连十二指肠，横于腹腔前方，位于肝脏下方，为一蚕豆形的囊。与食管相连处为贲门，入十二指肠处为幽门。凸出部为胃大弯，凹入部为胃小弯，外有大网膜。胃黏膜分泌胃液。兔胃液的酸度较高，消化力很强，主要成分为盐酸和胃蛋白酶。健康家兔的胃经常充满食物，偶尔也可见到粪球或毛球。粪球是由于兔吃进自己的粪便所致，毛球是由于吃进自身或其他兔子的兔毛所致。前者是一种正常现象，后者是一种病理现象。如胃浆膜、黏膜充血、出血，可能是巴氏杆菌病。如胃内有多量食物，黏膜、浆膜多处有出血和溃疡斑，又常因胃内容物太充满而造成胃破裂则为魏氏梭菌下痢病。

ⅱ．肠的检查。与其他动物相同，家兔的肠分小肠和大肠两部分。兔的小肠由十二指肠、空肠、回肠组成。十二指肠为"U"字形弯曲，较长，肠壁较厚，有总胆管和胰腺管的开口。空肠和回肠由肠系膜悬吊于腹腔的左上部，肠壁较薄，入盲肠处的肠壁膨大成一厚圆囊，外观为灰白色，约有拇指大，为兔特有的淋巴组织，称圆小囊。大肠由盲肠、结肠和直肠组成。兔的盲肠特别发达，为卷曲的锥形体。盲肠基部粗大，向尖端方向缓缓变细，内壁有螺旋形的皱褶瓣，是兔盲肠所特有的。盲肠的末端细长，壁肥厚，色灰白，称为蚓突。蚓突壁内有丰富的淋巴滤泡。结肠有两条相对应的纵横肌带和两列肠袋。其肠内容物在结肠内缓慢通过，可以被充分消化。梭状部把结肠分为近盲肠与远盲肠。结肠的这种结构可能与兔排泄软硬两种不同的粪便有关。结肠与盲肠盘曲于腹腔的右下部，于盆腔处移行为较短的直肠，最后开口即为肛门。

家兔发生腹泻病时，肠道有明显的变化，如发生魏氏梭菌下痢病时，盲肠肿大，肠壁松弛，浆膜多处有鲜红出血斑，大多数病例内容物呈黑色或褐色水样粪便，并常有气体，黏膜有出血点或条状出血斑。患大肠杆菌下痢病时，小肠肿大，充满半透明胶样液体，并伴有气泡，盲肠内粪便呈糊状，也有的兔肠道内粪便像大白鼠粪便，外面包有白色黏液，盲肠的浆膜和黏膜充血，严重者会出血。

ⅲ.脾的检查。家兔脾脏呈暗红色，长镰刀状，位于胃大弯处，由系膜相连，使其紧贴胃壁，是兔体内最大的淋巴器官。同时，脾脏也是一个造血器官。脾脏与胃相接面为脏侧面，上有神经、血管及淋巴管的经路，称为脾门。脾脏相当于血液循环中的一个滤器，没有输入的淋巴管。当感染病毒性出血症（兔瘟）时呈紫色，肿大。若感染伪结核病，常可见脾脏肿大5倍以上，呈紫红色，有芝麻绿豆大的灰白色结节。

e.粪便检查。健康兔粪便的性状表现为颜色常与饲料有关，但粪便大小均匀，如同豌豆大小，光滑，无血液、黏液。兔在患有疾病的情况下，粪便干硬细小，排粪次数减少或排粪困难，触诊腹内有干硬粪球时，即是发生便秘。如果粪便稀薄如水，或呈稀泥状或带血现象，主要见于肠炎、饲料中毒、寄生虫病等。有时粪便稀薄如水，有特殊的酸臭味，则似魏氏杆菌下痢病。

② 呼吸系统检查。呼吸器官疾病，除导致生产力降低外还常常引起家兔死亡，所以呼吸系统检查也是十分重要的。

健康家兔鼻孔干燥，周围被毛洁净，呼吸有规律，用力均匀平稳。兔的呼吸次数在安静状态下为每分钟 50～60 次（表 10-2）。健康兔的呼吸方式是胸腹式的，即当呼吸时，胸部和腹部都有明显的起伏动作。当腹部有病，如有腹膜炎时，常会出现以胸部动作为主的胸式呼吸；当胸部有病，如有胸膜炎时，又常会出现以腹部动作为主的腹式呼吸。当家兔出现慢性鼻炎时，可引起上呼吸道狭窄而出现吸气性困难；当患肺气肿时，可见呼气性困难；当患胸膜炎时，吸气和呼气都会发生困难，叫作混合性呼吸困难。如果胸部一侧患病，如肋骨骨折时，患侧的胸部起伏运动就会显著减弱或停止，而造成呼吸不匀称。

a. 上呼吸道的检查。主要检查家兔的鼻腔分泌物。健康家兔鼻端是干燥而洁净的，没有分泌物。鼻分泌物来自鼻腔、喉头、气管和肺，不论哪部分有病，所产生的分泌物都要从鼻腔排出。检查分泌物要注意分泌物的量、颜色、稠度及气味，是一侧性还是两侧性的。从鼻腔分泌物中常可分离培养出多杀性巴氏杆菌、支气管败血波氏杆菌和金黄色葡萄球菌等多种细菌。

b. 胸部检查。当家兔出现呼气性困难或混合性呼吸困难时，更应注意胸肺部的检查，首先应对胸廓的形状和肋骨起伏状态进行全面的观察。胸廓的畸形或肋骨的损伤等都可以破坏正常的呼吸机能。

c. 胸腔脏器检查。胸腔脏器检查主要是对肺的检查。正常的肺呈淡粉色，是海绵状器官，分左右两叶，由纵膈分开。左肺较小，分前两片。右肺较大，由前叶、中叶、后叶组成，充满空气的两瓣膨胀后呈圆锥形，分为肋面、膈面和两肺之间由纵膈分开的纵膈面。首先分出左支气管入左肺。两侧支气管进入肺后分成无数的小支气管，并继续不断地分枝形成支气管树。末端膨大成囊状，称为肺泡，是气体交换的主要场所。应该注意肺部有无炎症性的水肿、出血、化脓和结节等。如肺有较多的芝麻大点状、斑状出血，则为兔病毒性出血症（兔瘟）的典型病变；若肺充血或肺变，尤其是大叶，可能是巴氏杆菌病；肺脓肿可能是支气管败血波氏杆菌病、巴氏杆菌病。

家兔胸部异常情况进行听诊。胸部听诊在保持安静的情况下用听诊器可以听到柔和的肺泡音。若肺泡音普遍强盛则见于热性病；部分增强表明肺实质的病理变化，如支气管炎。肺泡音减弱或消失多为上呼吸道狭窄、肺泡气肿、胸膜炎等。当肺组织突变而支气管畅通时，吸入的空气不能进入肺泡，肺泡音消失。

家兔的心率检查，在正常和安静状态下，主要用听诊器在兔体左右侧胸部肘窝后面稍向前部位听心跳时所发出的心音（在左前腿稍向前方更易听取）。健康家兔的心率为 150 次/分，在剧烈运动或受惊时，心率可生理性的急剧上升。非这些因素而致使心率减慢或加快，就意味着某部分器官出现了病理性变化。

③ 循环系统检查。家兔的循环系统疾病要比消化系统、呼吸系统的疾病少得多。兔循环系统疾病检查主要是对心脏的

检查。心脏位于两肺之间偏左侧，相当于第 2～4 肋间处，心由冠状沟分为上下两部。上部为心房，壁薄，由房中膈分为左心房和右心房。主动脉、肺动脉及回心室静脉都通心房，下部为心室，壁较厚，心室也分左心室和右心室，两室之间有室中膈。左心室的肌肉层比右心室厚。与其他动物不同的是兔的右心房室瓣是由大小两个瓣膜组成，安静时一般成兔的心跳为 80～90 次/分（表 10-2），运动或受惊吓后会剧烈增加，如心包积有棕褐色液体，心外膜附有纤维素性附着物可能是巴氏杆菌病。胸腔积脓，肺和心包粘连并有纤维素性附着物，可能是支气管败血波氏杆菌病、巴氏杆菌病、葡萄球菌病和铜绿假单胞菌病。

④ 泌尿生殖系统检查。家兔的泌尿系统疾病比较少见，大多继发一些传染病、寄生虫及中毒。

a. 内脏器官检查。

ⅰ. 肾的检查。兔的肾脏是卵圆形的，右肾在前，左肾在后，位于腹腔顶部及腰椎横突直下方。在正常情况下由脂肪包裹，呈深褐色，表面光滑。有病变的肾脏可见表面粗糙、肿大，有白、红点状出血或弥漫性出血等。

ⅱ. 膀胱的检查。膀胱是暂时储存尿液的器官，无尿时为肉质袋状，在盆腔内；当充盈尿液时可突出于腹腔。家兔每日尿量随饲料种类和饮水量不同而有变化。幼兔尿液较清，随生长和采食青饲料和谷粒饲料后则变为棕黄色或乳浊状，并有以磷酸铵镁和碳酸钙为主的沉淀。家兔患病时常见膀胱积尿，如球虫病、魏氏梭菌病等。

b. 尿液检查。尿液检查是诊断泌尿器官健康与否的有效方法，兔的正常尿液为淡黄色，外观稍浑浊，一旦出现异常就要考虑是否泌尿系统出现疾患。如频频排少量的尿，这是膀胱及尿道黏膜受到刺激的结果，见于膀胱炎及阴道炎。在急性肾炎、下痢、热性病或饮水减少时，则排尿次数减少。有时给某些药物也能影响尿色，如口服黄连素或痢特灵后尿就呈黄色。

c. 母兔生殖器官检查。母兔的卵巢位于肾脏后方，小如米粒，常有小的泡状结构，内含发育的卵子。子宫一般与体壁颜色相似。若子宫扩大且含有白色黏液则表明可能感染了沙门杆菌病或巴氏杆菌病或李氏杆菌病等。检查母兔外阴部分，如果发现外生殖器的皮肤和黏膜发生水疱性炎症、结节和粉红色溃疡，则可疑为密螺旋体病；患李氏杆菌病时可见母兔流产，并从阴道内流出红褐色的分泌物。

d. 公兔生殖器官检查。公兔检查睾丸、阴茎及包皮。如阴囊水肿，包皮、尿道出现丘疹，则可疑为兔痘；患葡萄球菌病时也可致外生殖器炎症；患巴氏杆菌病时，也会有生殖器官感染。

⑤ 神经系统的检查。家兔发生神经系统本身的疾病很少，但各种疾病都对神经系统有某种程度的影响，可通过观察家兔神经机能状态异常变化，检查家兔精神状态和运动机能。

a. 精神状态的检查。家兔中枢神经系统机能紊乱，会使兴奋与抑制的动态平衡遭到破坏，表现兴奋不安或沉郁、昏迷。兴奋表现为狂躁、不安、惊恐、蹦跳或做圆圈运动、偏颈痉挛，如中耳炎（斜颈）、急性病毒性出血症（兔瘟）、中毒病、寄生虫病等，都可以出现神经症状。精神抑制是指家兔对外界的刺激的反应性减弱或消失，按其表现程度不同分为沉郁（眼半闭，反应迟钝，见于传染病、中毒病或中瘫）、昏睡（陷入睡眠状态、躺卧）和昏迷（卧地不起，角膜与瞳孔反射消失，肢体松弛，呼吸、心跳节律不齐，见于严重中毒濒死期）等。

b. 运动机能检查。健康家兔应经常保持运动的协调性。一旦中枢神经受损，即可出现共济失调（见于小脑疾病）、运动麻痹（见于脊髓损伤造成的截瘫或偏瘫）、痉挛（肌肉不能随意收缩，见于中毒）。痉挛涉及广大肌肉群时叫抽搐；全身阵发性痉挛并伴有意识消失称为癫痫。

⑥ 尸体剖解系统检查。一般来说不同疾病甚至同一疾病的不同阶段，其各组织器官的病理变化有所不同。当家兔病因不明死亡时，应立即进行解剖检查，根据病理变化特征、结合流行病等的特点和死前临床症状，能够初步做出诊断。

在进行尸体检查时，先剥去毛皮，然后沿腹中线切开，暴露内部器官进行尸体剖检，尤其是剖检传染病尸体时，剖检者既要注意防止病原的扩散，又要预防自身的感染。所以要做好以下工作。

a. 剖检场所的选择。为了便于消毒和防止病原的扩散，一般以在室内进行剖检为好，如条件不许可，也可在室外进行。在室外剖检时，要选择离兔舍较远，地势较高而又干燥的偏僻地点。并挖深土坑，待剖检完毕将尸体和被污染的垫物及场地的表面土层等一起投入坑内，再撒些生石灰或喷洒消毒液，然后用土掩埋，坑旁的地面也应注意消毒。有条件的也可焚烧处理。

　　b. 剖检人员的防护。可根据条件穿着工作服，戴橡皮手套、穿胶靴等，条件不具备时，可在手臂上涂上凡士林或其他油类，以防感染。

　　c. 剖检器械和药品的准备。剖检最常用的器械有解剖刀、镊子（有钩和无钩均要）、剪刀、骨钳等，剖检时常用的消毒液有0.1％新洁尔灭溶液或3％来苏儿溶液。常用的固定液（固定病变组织用）是10％甲醛溶液或95％的酒精。此外，为了预防人员受伤感染，还应准备3％碘酊、2％硼酸溶液、70％酒精和棉花、纱布等。

　　剖检传染病的尸体后，应将器械、衣物等用消毒液充分消毒，再用清水洗净，胶皮手套消毒后，要用清水冲洗、擦干、撒上滑石粉。金属器械消毒后要擦干，以免生锈。

　　d. 剖检方法。剖检兔的尸体时将其腹面向上，用消毒液涂擦胸部和腹部的被毛。沿中线从下颌至性器官切开皮肤，离中线向每条腿作四个横切面，然后将皮肤分离。用刀或剪打开腹腔，并仔细地检查腹膜、肝、胆囊、胃、脾、肠道、胰脏、肠系膜、淋巴结、肾、膀胱以及生殖器官。进一步打开胸腔（切断两侧肋骨、除去胸壁），并检查胸腔内的心脏、心包及其内容物、肺、气管、上呼吸道、食管、胸膜以及肋骨。如必要时，可打开口腔、鼻腔和颅腔。

e. 剖检记录。尸体剖检的记录，是死亡报告的主要依据，也是进行综合分析研究的原始材料。记录的内容力求完整详细，要能如实反映尸体的各种病理变化，因此，记录最好在检查病变过程中进行，不具备这些条件时，可在剖检结束后及时补记。对病变的形态、位置、性质变化等，要客观地用描述性的语言加以说明。

在进行尸体剖检时应特别注意尸体的消毒和无菌操作，对特殊的病例可以采取病料送实验室诊断。

（二）病料的送检方法

1. 病料采取

怀疑是某种传染病时，则采取被疾病侵害的部位。以采取肝、脾、肾、淋巴结等组织，如兔病毒性出血症（兔瘟）。病兔死亡提不出死于何种疾病，则可将死兔包装妥善后将整只死兔送检。检查血清抗体，则采取血液待凝固析出血清后，分离血清，装入灭菌的小瓶送检。

2. 病料保存

采取病料后要及时进行检验，如不能及时进行检验，或需要送往外地检验时，应尽量使病料保持新鲜，以便获得正确结果。

① 细菌检验材料的保存。将采取的组织块，保存于病料保存液中，如饱和盐水（蒸馏水 100 毫升，加入氯化钠 39 克，充分搅拌溶解后，用 3～4 层纱布过滤，滤液装瓶高压灭菌后备用）或 30％甘油缓冲液（化学纯甘油 30 毫升，氯化钠 0.5 克，碱性磷酸钠 1 克，蒸馏水加至 100 毫升，混合后高压灭菌备用），容器加塞封固。

② 病毒检验材料的保存。将采取的组织块保存于 50％甘油生理盐水（中性甘油 500 毫升，氯化钠 8.5 克，蒸馏水 500 毫升，混合后分装，高压灭菌后备用）或鸡蛋生理盐水（先将新鲜鸡蛋表面用碘酊消毒，然后打开，将内容物倾入灭菌的容器内，按全蛋 9 份加入灭菌生理盐水 1 份，摇匀后用纱布过滤，然后加热至 56℃，持续 30 分钟，第 2 天和第 3 天各按上法加热 1 次，冷却后即可使用）中，容器加塞封固。

③ 病理组织学检验材料的保存。将采取的组织块放入 10％的福尔马林溶液或 95％的酒精中固定，固定液的用量应是标本体积的 10 倍以上。如加 10％福尔马林固定，应在 24 小时后换新鲜溶液 1 次。严冬季节可将组织块（已固定的）保存在甘油和 10％福尔马林的等量混合液中，以防组织块冻结。

3. 病料送检包装

送检病料应按要求包装，如微生物检验材料怕热，应用水瓶冷藏包装;病理材料怕冻,应放入保存液中;包装病料的容器上要写明编号,附上病料详细记录和送检单。病料经包装、装箱后,要尽快送到检验单位进行检验。

4. 病料送检注意事项:

对病死兔剖检前,应首先了解病情和病史,并详细记录和进行剖检前的检查。

采取病料的家兔最好未经任何药物治疗,以免影响检出结果。

采取病料要及时,应在死后立即进行,最迟不要超过6小时,特别在夏天,如拖延时间太长,组织变性和腐败,会影响病原微生物的检出及病理组织学检验的正确性。

采取病料,应选择症状和病变典型的病死兔,有条件的最好能采取不同病程的病料。为了能及时拿到病原体,应尽量减少污染,病料应以无菌操作采取。一般先采取微生物学检验材料,然后采取病理检验材料。病料应放入装有冰块的保温瓶内送检。

(三) 兔传染病诊断

家兔传染病是兔病中最重要且给养兔业带来损失最大的疫病,必须尽可能早期诊断防治,尽可能减少家兔死亡,降低损失,达到消灭传染病的目的。

为了正确诊断,可根据传染病不同特点,采用各种检查疫病的方法,如流行病学诊断、临床诊断、微生物学诊断及免疫学诊断等方法，或综合应用各种方法进行诊断。

三、 给病兔投药的方法

在防治兔病时应根据不同疾病和不同药物的性质及特点，采取不同的用药方法和途径。常用的有以下几种。

（一） 内服法

内服法是一种常用的给药方法。内服给药混于饲料给药法。对于适口性好、毒性较小、药量少、无特殊气味又无不良反应和刺激性的药物，可将药物碾碎拌入饲料中，让兔自行采食，此法操作比较简单，适用于多种药物的给药，广泛应用于群养兔的预防或治疗给药。缺点是药效较慢，吸收不完全。对毒性较大的药物在大批给药前应做好小量试验，以保证安全。

（二） 胃管给药法

对于适口性差、毒性较大的药品，或在病兔拒食的情况下可采用胃管给药法。具体方法是以开口器打开病兔口腔，使舌压低下颌，将胶管或塑料管端涂石蜡油后经开口器中央小孔插入口腔，沿上颌后壁轻轻送入食管约 20 厘米以达胃部，将管的另一端浸入盛水杯中，若出现气泡说明误入气管，应迅速拔出重插。如确认管在胃中则用注射器吸取药液通过胶管注入胃内，然后拔出胶管取出开口器。

（三） 注射给药法

注射给药法的优点是吸收较快、较完全，显效快。

1. 肌内注射

肌内注射法适用于多种药物，如油剂、混悬液、水剂等。注射部位选择家兔颈侧或大腿外侧肌肉丰满、无大血管和神经处，经局部剪毛、消毒后，左手按紧注射部位皮肤，右手持注射器中指压住针头连接部，针头垂直刺入，深度视局部肌肉厚度而定，但针头不宜全部刺入，轻轻回抽注射栓，如无回血现象，可将药物全部注入。如1次量超过10毫升，需分点注射。注射完毕，拔出针头后局部用70%酒精棉球或2%碘酊棉球消毒。

2. 皮下注射

皮下注射主要用于兔的免疫接种。注射部位应选择在皮肤薄、松弛、容易移动的部位，多以腹中线两侧或腹股沟内侧为注射部位，先剪毛用70%酒精或2%碘酊棉球消毒，然后用左手拇指、食指和中指捏起皮肤，右手将针头刺入提起的皮下约1.5厘米，放松左手，将药液注入。刺入时针头不能垂直刺入，以防刺入腹腔。

3. 静脉注射

静脉注射主要用于补液，多选择家兔耳外缘耳静脉为注射部位，助手保定好家兔，注射部位剪毛用70%酒精或2%碘酊棉球消毒后，将注射器针头平行刺入耳静脉内，轻抽回注射栓，如有回血则表明已经进入静脉内，再缓缓注入药液。注射药液中不能含有固体颗粒或小气泡。如血管太细不便注射可用手指弹击耳壳使血管怒张便于注射。注射时若发现耳壳皮下隆起小泡或感觉注射有阻力，即表示未注入血管内，应拔出重新注射。注射完毕拔出针头后，用酒精棉球按住注射部位，以防血液流出。

（四） 饮水给药法

对于水溶性的药物，可将药物溶解于饮水中内服。本法适用于群养兔的疾病预防和治疗。投药方法简便，容易操作，但要严格控制用药量，准确安全用药。

（五） 外用法

主要用于体表消毒和杀灭体表寄生虫。常用洗涤与涂擦两种方式。洗涤是用药物配制成适宜浓度的药液，清洗局部皮肤或鼻、眼、口腔及创伤等部位。涂擦是将药物做成软膏或适宜的剂型涂擦于皮肤或黏膜的表面，以达到药物治疗的目的。

四、 针刺疗法

兔病针刺疗法是应用各种不同的针具刺入兔体某些特定部位（称作穴位），如长针用于深部肌肉肥厚处的穴位，给以适当的刺激，借以疏通经络，宣导气血，扶正祛邪，以达到治病的目的。在中兽医临床应用上有许多独特之处，具有止痛和免疫作用，调整血液成分和组织器官机能的作用。针刺疗法有治病范围广、疗效迅速、节约药品、操作施术安全等优点。针刺施术前要在兔体表准确地找出穴位，取穴及针刺应用正确与否会直接影响疗效。

（一）针具

中兽医针刺穴位针具是用金属或不锈钢制成，针头锋利，不同针具的大小和样式各有不同。中兽医临床上常用针刺的针具种类分为毫针、圆利针、宽针、三棱针、火针（图 10-1），针具各有各的治疗用途，分别叙述如下。

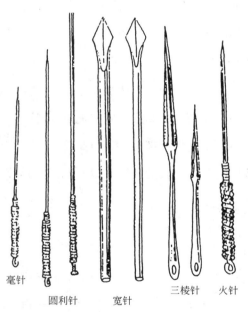

| 毫针 | 圆利针 | 宽针 | 三棱针 | 火针 |

图 10-1　针刺疗法的针具

① 毫针。用金属制作而成，以不锈钢为制针材料者最常用。不锈钢毫针具有较高的强度和韧性，针体挺直滑利，能耐热和防锈，不易被化学物品腐蚀，故目前被临床上广泛采

用。也有用其他金属制作的毫针，如金针、银针，其导电、传热性能虽明显优于不锈钢毫针，但针体较粗，强度、韧性不如不锈钢针，加之价格昂贵，一般临床比较少用。至于铁针和普通钢针，因容易锈蚀，弹性、韧性及牢固度也差，除偶用于磁针法外，目前已不采用。

毫针的结构可分为 5 个部分，即针尖、针身、针根、针柄、针尾。针尖是针身的尖端锋锐部分，亦称针芒；针身是针尖与针柄之间的主体部分称为，亦称针体；针身与针柄连接的部分称为针根；针体与针根之后执针着力的部分称为针柄；柄的末梢部分称为针尾。针柄与针尾多用铜丝或银丝缠绕，呈螺旋状或圆筒状，针柄的形状有圈柄、花柄、平柄、管柄等多种。针柄的作用主要是便于着力，有利于进针操作。其中花柄又称盘龙针，较粗大，常用于火针，有利于散热，使用时不烫手。

② 圆利针。又名白针，针体较毫针粗，一般直径为 2 毫米，针长 4～6 厘米，这种针具有进针快，易于急刺，速进速退，适于留针的特点。大圆利针适于深刺大型家兔的臀部及肩部肌肉丰厚的穴位。小圆利针适用于浅刺治疗兔病的穴位。

③ 宽针。又称血针，针头呈矛尖状，针刃锋利，一般长度为5～9厘米，针尖宽度 4～8 毫米，直径 2～3 毫米。大宽针多用于放患病兔体表静脉血；小宽针多用于针刺兔体肌肉肥厚的非血管处的穴位。

④ 三棱针。前部针身呈三棱形，后部针身呈杆状与宽针相似，分为大小两种，中兽医临床主要用于针刺血针穴位或痈肿散刺；长针用于针刺肌肉肥厚处穴位。

⑤ 火针。古称燔针、淬针。针头圆锐，针身长度分为2厘米、3厘米、5厘米、10厘米四种。针体直径1.5～2毫米，针柄用金属线缠绕，以便醒针（转动针体）操作。中兽医用火针时将针尖放火上烧红加热，随即刺入兔体一定穴位后在机体内产生热力，祛除寒邪。火针临床多用于风、寒、痹之症；多用于刺治关节风湿疾患。

（二） 兔体常用针刺穴位

穴位又称腧穴，是针刺治疗病兔的刺激点，是动物气血、经脉输注和集聚的部位。针刺寻定兔体腧穴的位置一般应根据兔体体表特点和解剖部位进行寻定。家兔常见穴位见表10-3，具体位置如图10-2～图10-4所示。

表10-3　家兔常见穴位及图示

经	穴位	序号	位置	备注
肺经	尺泽	1	前肢肘关节内侧,肱二头肌肌腱桡侧缘凹陷处	见图10-4
	孔最	2	前肢掌侧,腕关节至肘关节桡侧连线中点后1cm处	见图10-4
	列缺	3	前肢,桡骨掌侧端突起后凹陷处	见图10-4
	少商	4	前肢,第1指桡侧,爪根角旁开0.1cm处	前肢指端为前,近心端为后。见图10-4

经	穴位	序号	位置	备注
大肠经	商阳	5	前肢第 2 指桡侧,爪根角旁开 0.1cm 处	见图 10-3
	合谷	6	前肢背侧,第 2 掌骨桡侧中点处	见图 10-3
	手三里	7	前肢背侧,腕关节至肘关节桡侧连线后 1/6 处	见图 10-3
	曲池	8	前肢背侧,肱骨外上髁内侧凹陷处	见图 10-3
	肩髃	9	前肢,上臂肱骨肩端前凹陷处	见图 10-2
	迎香	10	鼻孔外侧上臂旁开 0.1cm 处	见图 10-3
心包经	曲泽	11	前肢肘关节内侧,肱二头肌肌腱尺侧缘凹陷处	见图 10-4
	内关	12	前肢掌侧,腕关节根部至肘关节正中连线前 1/6 处	见图 10-4
	大陵	13	前肢掌侧,腕关节根部正中凹陷处	见图 10-4
	中冲	14	前肢,第 3 指指端正中,距爪根 0.1cm 处	见图 10-4
三焦经	关冲	15	前肢第 4 指尺侧,爪根角旁开 0.1cm 处	见图 10-3
	外关	16	前肢背侧,腕关节根部至肘关节正中连线前 1/6 处	见图 10-3
	臑会	17	前肢,上臂肱骨端后凹陷处下约 3cm 处	见图 10-2
	肩髎	18	前肢,上臂肱骨端后凹陷处	见图 10-2
	翳风	19	头侧部,下颌角后方凹陷处	见图 10-3
	耳门	20	头侧部,耳前上方下颌骨髁状突后缘凹陷处	见图 10-3
	丝竹空	21	头侧部,眼外上方眶骨凹陷处	见图 10-3
心经	极泉	22	腋窝正中腋动脉内侧凹陷处	见图 10-4
	少海	23	前肢肘关节内侧,肱骨内上髁内侧凹陷处	见图 10-4
	神门	24	前肢腕部掌侧,尺侧腕屈肌腱桡侧凹陷处	见图 10-4
	少冲	25	前肢小指桡侧,爪根角旁开 0.1cm 处	见图 10-4
小肠经	少泽	26	前肢小指尺侧,爪根角旁开 0.1cm 处	见图 10-2
	后溪	27	前肢,第 5 掌指关节后尺侧凹陷处	见图 10-2
	腕骨	28	前肢,第 5 掌骨与腕关节尺侧凹陷处	见图 10-2
	支正	29	前肢背侧,腕关节根部至肘关节尺侧连线中点前 1cm 处	见图 10-2
	肩贞	30	前肢上臂肩关节后直下约 3cm 凹陷处	见图 10-2
	听宫	31	头侧部,耳前中部下颌骨髁状突后缘凹陷处	见图 10-3

经	穴位	序号	位置	备注
脾 经	三阴交	32	后肢内侧,内踝高点上约 3cm 处	后肢趾端为下,近心端为上见图 10-4
	阴陵泉	33	后肢,胫骨内侧髁下方凹陷处	见图 10-4
	血海	34	后肢,髌底与髌骨内侧连线上方约 2cm 处	见图 10-4
	大横	35	腹部,耻骨联合与胸剑联合中点连线(分 13 等份),耻骨联合上 5 等份旁开约 4cm 处	见图 10-4
	食窦	36	胸部,第 5 肋间隙正中线旁开约 3cm 处	见图 10-4
	周荣	37	胸部,第 2 肋间隙正中线旁开约 2cm 处	见图 10-4
	大包	38	腋下腋中线上,第 6 肋间隙处	见图 10-4
胃 经	承泣	39	瞳孔直下当眶下缘与眼球之间	见图 10-2
	四白	40	瞳孔直下颧骨凹陷处	见图 10-2
	下关	41	头侧部,耳前颧弓下凹陷处	见图 10-2
	不容	42	腹部,耻骨联合与胸剑联合中点连线(分 13 等份)胸剑联合下 2 等份旁开 2cm 处	见图 10-4
	关门	43	腹部,耻骨联合与胸剑联合中点连线(分 13 等份)胸剑联合下 5 等份旁开 2cm 处	见图 10-4
	天枢	44	腹部,耻骨联合与胸剑联合中点连线(分 13 等份)耻骨联合上 5 等份旁开 2cm 处	见图 10-4
	水道	45	腹部,耻骨联合与胸剑联合中点连线(分 13 等份)耻骨联合上 3 等份旁开 2cm 处	见图 10-4
	髀关	46	后肢外侧,髂前上棘与髌骨外缘连线上,平耻骨联合处	见图 10-4
	梁丘	47	后肢,髌底与髌骨外侧连线上约 2cm 处	见图 10-2
	犊鼻	48	后肢髌骨下方,髌韧带外侧凹陷处	见图 10-2
	足三里	49	后肢背外侧,胫骨粗隆下部外约 0.3cm 处	见图 10-2
	解溪	50	足背,踝关节中部凹陷处	见图 10-2
	厉兑	51	足第 1 趾外侧,爪根角旁开 0.1cm 处	足部共 4 趾,无大拇指。见图 10-2
肝 经	太冲	52	足第 1 跖骨内侧,跖骨头后方凹陷处	足部共 4 趾。见图 10-2
	中都	53	后肢内侧,内踝尖与胫骨内侧髁连线中点处	见图 10-4
	曲泉	54	后肢股骨内侧髁后缘凹陷处	见图 10-4
	章门	55	腹部第 11 肋游离端	见图 10-2
	期门	56	胸侧部,第 6 肋间隙距前正中线旁开约 3cm 处	见图 10-4

经	穴位	序号	位置	备注
胆经	上关	57	头侧部,耳前颧弓上缘凹陷处	见图 10-2
	风池	58	颈部,枕骨下方凹陷,距后正中线约 1cm 处	见图 10-3
	肩井	59	肩部,当肩峰端与后正中线连线中点处	见图 10-3
	环跳	60	臀外下部,股骨大转子与荐椎尾椎结合部连线外 1/3 与中 1/3 交点处	见图 10-2
	阳陵泉	61	后肢外侧,腓骨小头前下方凹陷处	见图 10-2
	阳辅	62	后肢外侧,外踝尖与腓骨小头连线下 1/4 处	见图 10-2
	丘墟	63	足部,外踝前下方,趾长伸肌腱外侧凹陷处	见图 10-2
	足窍阴	64	足第 3 趾外侧,爪根角旁开 0.1cm 处	见图 10-2
肾经	涌泉	65	足掌侧,第 1.2 跖骨间跖趾关节与足跟连线前 1/3 与中 1/3 交界处	见图 10-2
	太溪	66	足内踝尖与跟腱之间凹陷处	见图 10-4
	复溜	67	后肢内侧,内踝尖上约 2cm 跟腱前缘处	见图 10-4
	阴谷	68	后肢内侧,膝关节与半膜肌之间凹陷处	见图 10-4
	气穴	69	腹部耻骨联合与胸剑联合中点连线(分 13 等份)耻骨联合上 3 等份旁开约 0.5cm 处	见图 10-4
	肓俞	70	腹部,耻骨联合与胸剑联合中点连线(分 13 等份)耻骨联合上 5 等份旁开约 0.5cm 处	见图 10-4
	石关	71	腹部,耻骨联合与胸剑联合中点连线(分 13 等份)胸剑联合下 5 等份旁开约 0.5cm 处	见图 10-4
	幽门	72	腹部,耻骨联合与胸剑联合中点连线(分 13 等份)胸剑联合下 2 等份旁开约 0.5cm 处	见图 10-4
	俞府	73	胸部,胸骨上窝下 1cm 旁开约 1cm 处	见图 10-4

经	穴位	序号	位置	备注
膀胱经	睛明	74	目内眦上 0.1cm 处	见图 10-4
	肺俞	75	背部,第 3 胸椎棘突下旁开约 1.5cm 处	见图 10-2
	心俞	76	背部,第 5 胸椎棘突下旁开约 1.5cm 处	见图 10-2
	膈俞	77	背部,第 7 胸椎棘突下旁开约 1.5cm 处	见图 10-2
	肝俞	78	背部,第 9 胸椎棘突下旁开约 1.5cm 处	见图 10-2
	胆俞	79	背部,第 10 胸椎棘突下旁开约 1.5cm 处	见图 10-2
	脾俞	80	背部,第 11 胸椎棘突下旁开约 1.5cm 处	见图 10-2
	胃俞	81	背部,第 12 胸椎棘突下旁开约 1.5cm 处	见图 10-2
	肾俞	82	背部,第 2 腰椎棘突下旁开约 1.5cm 处	见图 10-2
	膀胱俞	83	背部,第 2 荐椎棘突下旁开约 1.5cm 处	见图 10-2
	次髎	84	荐椎部,第 2 荐椎棘突下旁开约 0.5cm 处	见图 10-2
	委中	85	后肢,腘窝正中凹陷处	见图 10-4
	昆仑	86	后肢,外踝尖与跟腱之间凹陷处	见图 10-2
	至阴	87	足第 4 趾外侧,爪根角旁开 0.1cm 处	见图 10-2
督脉	长强	88	兔尾根部与肛门之间凹陷处	见图 10-2
	腰俞	89	荐椎部,当荐椎与尾椎结合部凹陷处	见图 10-2
	腰阳关	90	腰部,后正中线上第 4 腰椎棘突下	见图 10-2
	命门	91	腰部,后正中线上第 2 腰椎棘突下	见图 10-2
	筋缩	92	背部,后正中线上第 9 胸椎棘突下	见图 10-2
	至阳	93	背部,后正中线上第 7 胸椎棘突下	见图 10-2
	身柱	94	背部,后正中线上第 3 胸椎棘突下	见图 10-2
	陶道	95	背部,后正中线上第 1 胸椎棘突下	见图 10-2
	大椎	96	背部,后正中线上第 7 颈椎棘突下	见图 10-2
	风府	97	颈部,后正中线枕骨下凹陷处	见图 10-2
	百会	98	头顶部,两耳根连线中点处	见图 10-2
	素髎	99	面部,鼻尖正中央	见图 10-2

续表

经	穴位	序号	位置	备注
任	曲骨	100	下腹部,耻骨联合上缘正中凹陷处	见图 10-4
	中极	101	腹部,耻骨联合与胸剑联合中点连线(共 13 等份),耻骨联合上 1 等份处	见图 10-4
	关元	102	腹部,耻骨联合与胸剑联合中点连线(共 13 等份),耻骨联合上 2 等份处	见图 10-4
	气海	103	腹部,耻骨联合与胸剑联合中点连线(共 13 等份),耻骨联合上 3.5 等份处	见图 10-4
	神阙	104	腹部,耻骨联合与胸剑联合中点连线(共 13 等份),耻骨联合上 5 等份处	见图 10-4
脉	中脘	105	腹部,耻骨联合与胸剑联合中点连线(共 13 等份),胸剑联合下 4 等份处	见图 10-4
	膻中	106	胸部,胸剑联合处与胸骨上窝中点连线上,平第 4 肋间隙	见图 10-4
	天突	107	胸部,胸骨上窝凹陷处	见图 10-4
	承浆	108	面部,唇正中下方 0.1cm 处	见图 10-4

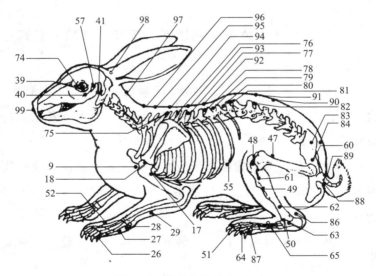

图 10-2　家兔常见穴位（一）

图 10-3　家兔常见穴位（二）

（三）　针刺穴位治兔病注意事项及异常情况处理

1. 注意事项

① 针刺施术宜在晴朗、温暖、无风的天气进行；兔有病、过饱、过饥、大失血、配种后和妊娠后期不宜施针，特别是扎血针、火针更应慎重。

② 施针前需检查病兔确诊为何种病，再考虑设计施针处方、取穴与组方（配穴），针刺多少穴位。通常火针 3～4 穴为宜。

③ 施针前需对兔进行妥善保定，确保顺利施针，人畜安全，不影响施针疗效。

④ 施针后针孔需涂擦 2% 碘酊消毒，严格消毒和加强护理，防止下水、淋雨、受风寒或饮冷水。

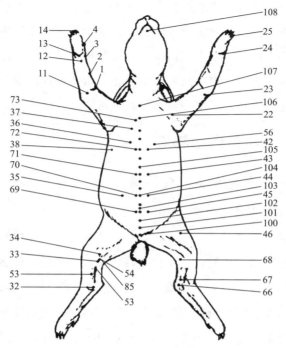

图 10-4　家兔常见穴位（三）

（见《上海针灸杂志》2003.5　郑利岩等）

2. 异常情况处理

针刺治疗兔病常因保定施针操作方法不当或患兔骚动，或扎针技术不熟练等发生弯针、滞针、折针、血针、出血不止、针孔化脓等一些异常情况，应及时根据不同情况加以处理。若是滞针可轻轻捻转针体缓慢拔出；若弯针可顺弯针方向，一手重重按压针下肌肉，一手握针柄顺着弯势轻轻取出，若弯曲较大顺弯曲方向不能取出时，一手轻按进针部，一手顺着偏歪方向慢慢拔出，切勿强拔，以防折针。如果出现折针使针身折断残留在病兔体内而断端还露在皮肤外，可用左手压紧断端周围肌肉，右手持镊子或尖钳拔出折针，如全部折断于肌肉内，则在进针部进行外科手术取出折针。针刺出血不止时，用手按压针穴处即可止血，严重出血时需用止血钳止血或用绷带结扎止血。针孔感染化脓可按外科手术处理排脓治疗。

五、 常见兔病防治

（一） 长毛兔常见传染病

1. 兔病毒性出血症（兔瘟）

兔病毒性出血症又称兔出血热，俗称兔瘟，是由病毒引起的一种发病急、传播快、死亡率高的急性、热性、败血性、调试接触性传染病，死亡率高达 80％～90％以上。临床上以呼吸系统出血、肝坏死、实质脏器水肿、淤血及出血性病变为特征。病死兔是主要传染源，病毒通过兔毛、分泌物、粪尿等污染物传播，也可通过用具、水源、空气及人、动物接触等途经传播。耐过而存活家兔具有一定的抵抗再感染的能力。该病主要侵害 3 月龄以上的青年兔或成年兔，未断奶的仔兔一般不发病，但长毛兔的易感性比皮肉用兔高。一年四季均可发生，多流行于冬春季节。

（1）症状 本病潜伏期为 1～3 天。根据病程长短，临床表现为最急性型、急性型、亚急性型和慢性型 4 种。

① 最急性型。多见于流行初期。病兔死前无明显症状，突然狂跳惨叫，数分钟内死亡。

② 急性型。多见于流行高峰期。病兔精神沉郁，被毛粗

乱无光，食欲减退或废食，渴欲增加。体温升高至 40.5～41.5℃，耳朵潮红，视黏膜和鼻部紫绀，有的腹泻冻样物。临死前呈角弓反张姿势，身体颤抖倒向一侧，四肢乱划或惨叫几声死亡，病程 1～2 天。有的病死兔鼻腔流出泡沫样血液。

③ 亚急性型。多见于 3 月龄以内的幼兔。病兔精神沉郁，食欲减退，体温轻度升高，严重消瘦。病程 2～3 天或更长。

④ 慢性型。多发生于流行后期和老年兔。症状不典型。病兔精神不振，食欲降低，体温有所上升，兔体迅速消瘦，最后衰竭死亡。病程持续时间较长。若能耐过，生长缓慢，发育不良，但仍然能排出病毒。

（2）剖检　主要以全身实质脏器淤血、出血、坏死为特征。病兔的喉头和气管黏膜严重出血，气管和支气管腔内有泡沫状血液；肺部出血和水肿，并有数量不等的鲜红色出血斑；肝脏肿大、质脆、出血；胆囊部分肿大、胆汁稀薄；脾脏淤血、肿大、呈蓝紫色；心肌淤血、肠黏膜充血、肠系膜淋巴结出血；肾脏明显肿大、出血、呈红褐色；膀胱积尿，膀胱黏膜有出血点或出血斑。

（3）诊断　根据流行病学、临床症状和剖检病变的明显特征可做出初步诊断，确诊需要将病料用血凝压制试验或用琼脂扩散试验做出诊断。

（4）预治方法

① 幼兔在断奶后 3 天内进行第 1 次免疫（皮下注射兔瘟疫苗 2 毫升）。60 日龄时加强免疫 1 次（皮下注射 1～2 毫升）。成年兔每年在春、秋两季各免疫 1 次。

② 对已发生疫情的养兔户或专业场，要采取紧急预防接

种，疫苗剂量加倍。有条件的用高免血清进行治疗，每千克体重用量2～3毫升，皮下注射，每日1次，连用2～3日，有良好的治疗效果。

2. 兔传染性口炎

兔传染性口炎又称流涎症，是由水泡性口炎病毒所引起的一种口腔黏膜发生水泡性炎症为主要症状的急性、热性传染病。病兔是主要传染源。病兔口腔内的坏死黏膜和分泌物，一般都有病原体存在，家兔采食了被污染的饲料时，病毒可通过舌、唇或口腔黏膜传染。饲料不足，饲养不当，饲料损坏口腔黏膜，喂给霉烂饲料等，都会诱发本病。主要感染1～3月龄的幼兔，成年兔患病较少。

本病一年四季均有发生，多发生在春秋季节，但以每年4～5月间发生较多。

（1）症状　本病潜伏期为3～5天，发病初期口腔黏膜呈现潮红、充血，然后在舌、唇、口腔黏膜上出现一层白色的小结带和小水泡，破溃后发生烂斑，形成小溃疡。此时有恶臭的唾液流出口角，使下颌、内髯部被毛沾湿，粘在一起。由于流涎过多，水分散失，并同时失去大量黏液蛋白及代谢产物，导致家兔发生全身症状，如体温升高，消化不良，食欲减退或腹泻等。病兔日渐消瘦，5～10天死亡。如防治不当，死亡率高达50%以上。急性患兔能于24～48小时内倒毙；慢性患兔可拖延4～7天甚至更久一些，但在病的末期，患兔往往并发肠炎或肺炎而死亡。患兔体温不超过40℃，一般趋于正常，但并发肺炎等病时，体温可升至40℃以上。

（2）剖检　口腔检查时，可发现口腔黏膜潮红，舌尖红肿，在舌、唇、口腔两颊或齿龈部有疙瘩、薄膜或病灶。剖检可见舌、唇、口腔黏膜有溃疡，唾液腺肿大发红，胃内常有黏稠的液体，肠黏膜有卡他性病变。

（3）诊断　根据流行病学、临床症状和剖检病变的明显特征可做出初步诊断，确诊需要将病料接种于 8 日龄鸡胚，置37℃孵育，1～2 天内死亡，具有明显充血和出血病变者确诊为水泡性口炎症。

（4）防治方法

① 预防。应采取积极的预防措施，特别在容易发病的季节里，应给以家兔饲养管理上良好的条件，使家兔机体抵抗力增强，减少或防止疾病的侵染。在病的流行过程中除施行一般的家兔流行病防治措施，早期发现患兔和嫌疑兔，进行隔离治疗外，对健康兔群特别是在仔兔和幼兔群中，每天每只用双磺胺 0.2 克拌在精料中使其自食，根据情况，连用 3～5 天（第1 天每只 0.3 克、第 2 天每只 0.2 克、第 3～5 天每只 1 克）。这样就可以成功地控制病在健康兔群中的流行与传播。

② 治疗。

a. 验方疗法。治愈率十分理想。枯萎盐 50 克、枯矾 50克、青黛 50 克、儿茶 10 克、黄连 2.5 克、冰片 1 克，研为细末，用铁管、竹管或硬纸管等吹入口腔内患部，每日 2～3 次。除个别体质极度瘦弱且病至后期者外，一般 2～3 天可以治愈。

b. 中草药疗法。紫花地丁、大青叶、橘皮作饲料或金银花、野菊花少许煎水拌料喂饲；用黄芩粉末撒布口腔内。

c. 西药疗法。

ⅰ. 硫酸铜-核黄素疗法。用 2% 硫酸铜溶液，以脱脂棉球浸湿后涂洗患兔口腔，再以核黄素0.6克加入适量温开水溶解后，用滴管经口腔灌服，每天1～2次。一般2～3天后，患兔流涎停止、炎症消失，食欲恢复正常。

ⅱ. 硫酸铜-双磺胺疗法。用2%硫酸铜涂洗患兔口腔，每天1～2次。同时每天以双磺胺0.6克，分为3次灌服或拌在少量用水浸润了的精料中给患兔自食。应用此法，一些比较严重的患兔也有可能在2～3天后恢复健康。

3. 兔痘

兔痘是由病毒引起的家兔一种急性、全身性病毒感染的高度接触性传染病，出现鼻和结膜流出物，皮肤和黏膜上发生丘疹和疱疹。

病兔的肺、肝、脾、睾丸、卵巢、肾上腺、脑、血液、尿、胆汁中都含有病毒。鼻腔分泌物中含有大量病毒，易感兔一旦接触染有病毒的饲料、笼具、厩舍即可发病。此外，皮肤和黏膜的伤口，直接接触含有病毒的分泌物也是一个重要的传播途径。病兔康复后无带毒现象，康复兔可与易感兔安全交配，不发生再次感染。兔痘只有家兔能自然发病，且幼兔和妊娠母兔的死亡率高。本病传播极为迅速，有时，甚至在采取消除并隔脱兔病等措施以后，仍不能防止本病在兔群中蔓延。

（1）症状 兔痘的潜伏期5～7天，多数病例是病毒最初感染鼻腔，在鼻黏膜上皮内繁殖，鼻腔流出大量分泌物，体温升高到40.5～41.5℃。一般感染皮肤病变通常发生在感染后第5天，皮肤上出现红斑，随后变成丘疹，而后2～3天内形成脐状痘疱，逐渐干枯成痂皮。严重时出血，皮肤病变可能不规则地分布于全身，但最常见于耳、口、唇、眼睑部皮肤，腹部和阴囊等处皮肤，也常见于肛门及周围。母兔阴唇也出现同样病变。病兔都伴有对眼睛的羞明，轻者是眼睑炎和流泪，严重时发生角膜的弥漫性炎症，甚至发展到化脓性眼炎和溃疡性角膜炎。

病兔有神经系统损伤出现神经症状，主要表现为运动失调、痉挛、眼球震颤，有时肌肉发生麻痹，在感染后5～10天死亡。

病兔常并发支气管肺炎、喉炎、鼻炎和胃肠炎，最后死亡。怀孕母兔可导致流产。成年兔的死亡率10%～20%，幼兔可能高达70%。

兔痘非痘疮型病兔偶尔也可引起最急性发病，仅有发热，精神沉郁，食欲减退或废绝，有时发生腹泻和眼膜炎症状，舌唇部黏膜有少数散在丘疹而不出现皮肤病变。有些病兔在感染1周后死亡。

（2）剖检　本病最具特征性的病变是皮肤损害，皮肤上有丘疹和结节，斑疹可发生于身体任何部位，口、上呼吸道、肝脏、脾脏及肺。病兔出现皮下水肿和天然孔水肿。呼吸道黏膜有卡他性出血性炎症。病肺呈现灶性结节病变和弥漫性炎症及灶性坏死。肝脏肿大，呈黄色，整个实质有许多灰白色结节，有小的灶性坏死区。胆囊有小结节；脾脏通常中度肿大，伴有灶性结节和小坏死区。

（3）诊断　根据临床症状和发病主要特征很容易诊断。确诊需要在显微镜下对病变做出诊断。

（4）防治

① 预防。本病目前无兔痘疫苗进行预防。病兔康复后可

获得免疫力。平时应加强管理，搞好清洁卫生和消毒工作。兔舍应保持干燥。发病后应及时隔离饲养治疗。皮肤上疹块等污物，要集中一起发酵处理。

② 治疗。病变处有以下药物治疗方法。

a. 中草药疗法。千里光、野菊花、金银花藤各适量煎水洗涤患部，每天早晚各 1 次，连洗 12 天。

b. 西药疗法。局部病变部位用 0.1% 高锰酸钾溶液洗涤，擦干后涂抹紫药水（即龙胆紫药水），口腔部用碘甘油涂擦患处。若有继发感染，可用抗生素和磺胺药物治疗。

4. 兔黏液瘤病

本病是由黏液瘤病毒引起的一种高度接触性、传染性，高度致死性的烈性传染病。其特征是全身皮下，尤其是颜面部和天然孔周围皮上发生黏液瘤性肿胀。

本病病毒存在于病兔全身各处的体液和脏器中，尤其眼垢和病变皮肤的渗出液中含毒量最高。

本病的主要传播方式是直接与病兔以及其排泄物接触或与有病毒的饲料、饮水和用具等接触传染。在自然界，最主要的传播方式是通过节肢动物媒介，最常见的是蚊子和跳蚤。病毒在媒介昆虫的体内并不繁殖，仅起单纯的机械性传播作用。伊蚊、库蚊、按蚊、兔蚤、疥螨、虱和蚋等吸血昆虫，肉食的秃鹰和嗜食死尸的乌鸦等鸟类以及蓟类植物的刺都可以传播本病毒。在潮湿和多蚊地区，该病大量传播。在冬季蚤类是主要传播媒介。

（1）症状　由于病毒毒株之间的毒力差异很大，且不同品种和品系的兔对黏液瘤病毒的易感性也各不相同，因而该病表现的临床症状也有很大差异。下面重点介绍在南美、美国加利福尼亚、澳大利亚和欧洲发现的主要毒株在易感家兔身上所引起的临床症状。

乌拉圭和巴西的野兔是黏液瘤病毒的寄主，蚊是其传播媒介，当家兔被带毒蚊子叮吸后，病毒在被叮吸部繁殖，约在1周后出现一个局限性肿瘤样肿胀，然后侵入血管或淋巴管形成病毒血症从而到达全身的皮下组织，并产生与上述一样的黏液溜病变，从而引起全身性肿瘤样肿胀。最急性型，在感染后7天死亡，其主要表现是眼睑水肿，临死前大脑抑制。以加利福尼亚毒株引起的最为常见。急性型，病兔大多于出现症状的7～15天内死亡，死前症状较明显。加利福尼亚毒株所致的急性型，是在感染第6～7天发生眼睑水肿，呈下垂外观。同时在肛门、外生殖器、口和鼻孔的周围常可见点性水肿，在第9天或第10天出现皮肤出血和死前惊厥。少数能活到10天以上的病兔，则出现脓性眼结膜炎和耳根部水肿等，常见于其他毒株所引起的临床症状。

毒力很强的南美毒株在易感家兔引起的死亡率可高达100％，感染后3～4天就可出现肿瘤肿胀。随着病程的发展可出现全身性肿瘤肿胀。首先出现眼的炎症，眼睑肿胀，由结膜流出的大量分泌物最初呈浆液性，但迅速变为脓性，病眼于1～2天即因肿胀而不能睁开。鼻内也有分泌物。脸和耳部出现肿胀，头部可能变形。生殖孔发炎，并流出脓性分泌物。存活2周病兔的肿块显著充血，最终发生坏死。病程长的病例还可出现鼻炎，可导致肺炎和呼吸困难。病兔在整个病程期间仍保持食欲。死前出现惊厥，死亡通常发生在感染后第8～15

天；毒力较弱的南美毒株或澳大利亚毒株，所产生的症状较轻，仅有轻度水肿，少量鼻漏和眼垢、界限比较明显的肿块，死亡率较低。

在欧洲流行的兔黏液瘤病，主要以强毒的格桑株和一些弱毒株为主。强毒株引起的死亡率达100%。临床症状与加利福尼亚毒株所引起的不同。欧洲黏液瘤病的特征是迅速增生而隆起的大的肿块，7天后通常为紫色到褐色，第10天肿瘤破溃，流出浆液性液体。可出现全身性肿瘤肿胀，但在耳部很少见到。颜面部明显水肿，使头部呈狮子头外观。从眼和鼻腔内流出浆液性分泌物。

（2）剖检　主要是皮肤肿瘤以及皮下显著水肿，尤其是颜面和天然孔周围皮下水肿。患病部位的皮下组织聚集多呈微黄色，清朗的胶样液体。液体中除有许多嗜酸性白细胞外，还有部分正在分裂的组织细胞，即所谓黏液肿瘤细胞。皮肤可出血。胃肠道的浆膜下有淤血和瘀斑，加利福尼亚毒株所引起的尤为常见。心内外膜下也可能发生出血。此外，某些毒株还能引起脾脏肿大和淋巴结肿大，并伴有出血。

（3）诊断　根据流行病学、本病的症状和剖检病变的特异性，综合可做出准确的诊断。但对毒力较弱的黏液瘤病毒引起的非典型病例，或因兔群有较高的免疫能力，病情或病变不严重时，诊断比较困难。可采取病变组织切片做检查，寻找星状的黏液瘤细胞以吸取肿瘤组织接种敏感家兔做敏感试验。必要时可采取病变部组织，制成组织悬液，接种鸡胚绒毛尿囊膜。随后再以中和试验或交叉保护试验等方法鉴定。

（4）防治方法　应严禁从有本病的国家进口兔和未经消毒

的兔产品，以防本病的传入。毗邻国家发生流行时，应立即封锁国境线。从国外进口兔和兔产品原料时，必须进行严格的港口检疫，在有本病的国家中，常用免疫接种控制传播媒介和用各种方法避开吸血昆虫，扑杀病兔，销毁尸体，彻底消毒等方法进行控制。英国用肖朴氏兔纤维瘤病毒疫苗，家兔接种后第4天产生抗体，免疫力可达1年之久，保护率在90％以上。近来有人用经过兔肾细胞人工致弱的 MSD/B 株制成活毒疫苗，对兔无危险，而且具有很强的免疫性，此外，也可采用黏液瘤病毒鸡胚或细胞株制成灭活苗，对兔安全有效。

5. 土拉杆菌病（野兔热）

土拉杆菌病，又称野兔热。土拉杆菌病是由土拉弗朗西斯菌引起的一种自然疫源性疾病，主要感染野生啮齿动物，尤其在野兔中流行，故又称为野兔热，也可传染给其他动物和人类。主要表现为体温升高，肝、脾、肾肿大、充血和多发性粟粒坏死，淋巴结肿大，并有针尖大干酪样坏死灶。本病病原土拉杆菌是一种微小[(0.3～0.7)微米×0.2微米]、无活动力的革兰氏阴性球杆菌，在培养基上可具多形性，在组织内可形成荚膜。在一般培养基中不易生长，常用血清-葡萄糖-半胱氨酸培养基及血清-卵黄培养基。菌型可分为美洲变种（A 型）和欧洲变种（B 型），前者对家兔毒力强，后者对家兔毒力弱。

本病的传染源主要为野兔和其他自然界各种野生啮齿动物，它们均曾分离出土拉菌。

本病主要通过直接接触或昆虫叮咬以及消化道摄入传染。病毒亦可由气溶胶经呼吸道或眼结合膜进入人体。本菌传染力强，感染及发病率较高。本病隐性感染较多，病后可有持久免疫力。本病一年四季呈地方性流行，较多病例发生在夏季。

（1）症状　本病潜伏期1～10天。症状与脓毒症及慢性巴氏杆菌病相似。一般急剧起病，突然出现寒颤，继以高热，体温达39～40℃，厌食病兔消瘦，乏力，肌肉疼痛和盗汗。热程可持续1～2周，甚至延至数月。由于本菌的侵入途径较多，临床表现多样化，如败血性肝、脾肿大、充血，颜色呈暗红色；有针头大的白色病灶；肺充血。

（2）诊断　根据流行病学和临床症状特征（临床表现如皮肤溃疡、单侧淋巴结肿大、眼结合膜充血溃疡等有一定诊断价值）可做出初步诊断。确诊本病需依靠微生物学检查。通过动物接种做细菌分离和血清试验结果做出诊断。

（3）防治方法

① 预防。禁止从流行本病的地区引入家兔。应驱除野生啮齿动物、吸血昆虫，消除病原。发现病兔立即隔离淘汰（捕杀）。对兔舍、笼具等用3％来苏儿液或1％～3％火碱水消毒。本病对人有害。要注意加强个人防护，预防接种尤为重要。防止感染。

② 治疗。本病无治疗价值。良种兔用抗生素治疗，首选链霉素，成兔每千克体重3万～5万单位，分2次肌内注射，疗程5～7日。链霉素过敏者可采用四环素、土霉素、金霉素类药物，亦可用于复发再治疗，但疗效不如链霉素。

6. 兔沙门杆菌病（副伤寒）

兔沙门杆菌病又称兔副伤寒，是由沙门杆菌引起的一种消化道传染病。兔副伤寒主要是由鼠伤寒沙门杆菌所致。临床主要以肠炎和败血症、急性死亡、腹泻与流产为特征。本病病原为鼠伤寒沙门杆菌和肠炎沙门杆菌。

兔伤寒沙门杆菌在自然界分布很广，很容易在哺乳类动物、爬虫类如鼠和苍蝇等之间传播。病菌自然感染途径主要是经消化道、呼吸道。散养的兔在自由觅食时，吃了被污染的饲料、饮水而感染发病。另外，器皿、医疗器械亦可成为传播媒介。

（1）症状　本病潜伏期 35 天，少数群兔不出现症状而突然死亡。多数病兔患病初期表现精神沉郁、被毛粗乱无光泽，食欲下降或拒食，体温上升至 40～41.1℃。腹泻，排出有泡沫的黏液性粪便，因长期下痢而消瘦。体重减轻，严重脱水，黏膜苍白，虚弱，休克。有的粪便干硬，包有白色黏液，粪有臭味，肠蠕动消失，臌气。妊娠母兔患本病可发生流产，康复兔则不易怀孕。

（2）防治方法

① 预防。兔沙门杆菌病要采取预防措施。预防虽比较困难，但可降低此病发生概率，严格控制副伤寒病兔和带菌兔与健康兔接触。兔场应注意消灭传播者（如苍蝇、老鼠），饲料、饮水、笼具应经常用 3％来苏儿或 3％火碱消毒。病死兔尸体须深埋或烧毁。

对怀孕母兔可注射鼠伤寒沙门氏菌氢氧化铝灭活菌 0.8 毫升，皮下注射或肌内注射，疫区每年 2 次，能有效控制和防止本病的发生和流行。

② 治疗

a. 大蒜疗法。取洗净的大蒜充分捣烂，1 份大蒜加 5 份清水，制成 20％的大蒜汁。每只兔每次内服 5 毫升，每日 3 次，连用 5 日。

b. 中药疗法。用黄柏 6 克、黄连 3 克、马齿苋 10 克，煎水，1 次内服，1 日 1 次，连用 3～4 日。

c. 抗菌消炎。如果患兔病情不太严重，可口服磺胺脒（SG），每千克体重 0.1～0.3 克，每日 2 次，连用 3～5 日；或磺胺二甲基嘧啶每千克体重 0.2～0.3 克，每日 1 次，连用 3 日。病情严重的可用抗生素疗法，如土霉素每千克体重 40 毫克，每日分 2 次肌内注射，连用 3 日，或链霉素每只兔 0.1～0.2 克，每日分 2 次肌内注射，连用 3～4 日。当病兔出现菌血症或败血症时，可注射庆大霉素及三甲苄碘胺嘧啶合剂，疗效较好。

d. 辅助疗法。对呕吐、腹泻较为严重的兔，为防脱水可静滴糖盐水或复方氯化钠。心脏功能减退者，可肌内注射强心剂。

7. 大肠杆菌病

兔大肠杆菌病又称黏液性肠炎，是由致病性大肠杆菌及其产生的毒素所引起的一种暴发性仔兔肠道性疾病，以水样、胶冻样腹泻和严重脱水为特征。病兔排出的大肠杆菌污染了饲料和饮水、场地等，经消化道再感染健康兔。以断奶后不久的幼兔多发，且病程长，反复发作，死亡率高。各种年龄的兔均有易感性，尤其以 1～2 月龄幼兔易感，可引起流行。本病一年四季均可发生。

（1）症状　最急性型未发现兔有任何症状而突然死亡。急性型症状在发病初期病兔精神不振，被毛蓬乱，食欲下降，剧烈腹泻，排出黄色、棕色水样的粪便，之后拉胶冻样黏液，病兔渴欲增加，四肢末梢发冷，畏冷打颤，磨牙，有的流口水，最后绝食，由于脱水迅速消瘦衰竭，1～2天内死亡。

（2）剖检　剖检可见肝脏、心脏局部性小坏死病灶，胆囊扩张，黏膜水肿，胃膨大，充满液体。肠道内容物有胶冻样黏液，小肠充血、出血、水肿。结肠和盲肠的浆膜、黏膜充血或有出血的斑点。

（3）诊断　根据临床症状和剖检病变可做初步诊断，确诊需要做细菌学检查。

鉴别诊断：大肠杆菌病与肠球虫病有一定相似性，球虫导致干稀粪交替出现，但粪便无胶冻样黏液，膀胱内有大量积尿，小肠和盲肠黏膜上有白色米粒样球虫结节，粪便镜检有球虫卵囊；而大肠杆菌病的病例中，粪便镜检无球虫卵囊，粪便或结肠内容物有胶冻样黏液。

（4）防治方法

① 预防。加强饲养管理，增强兔群体质，注意通风换气，同时搞好兔舍卫生工作，定期对环境、场地、兔舍和笼具进行消毒，保证饲料和饮水不受污染。饲料不可骤然改变。常发病的兔场可用大肠杆菌氢氧化铝甲醛菌苗进行预防注射，21～30日龄仔兔肌内注射1毫升。发现病兔及时进行隔离治疗，并对笼具进行消毒。

② 治疗。

a. 大蒜酊疗法。每只兔口服大蒜酊2～3毫升，每日2次，连用3日。

b. 抗生素疗法

ⅰ 肌内注射庆大霉素，每只兔1万～2万单位，每日2

次，连用 3～5 日；

ⅱ 口服土霉素每千克体重 25 毫克，每日 2 次，连用 3～5 日；

ⅲ 口服磺胺脒，每千克体重 0.1～0.2 克，连用 3～5 日。

c. 环丙沙星饮水，或恩诺沙星饮水，每日 2 次，连用 3～5 日。

d. 对症疗法。皮下或腹腔注射葡萄糖生理盐水补液，防止脱水。

8. 痢疾

兔痢疾是由痢疾杆菌引起的，是兔的一种严重肠道传染病。病原是兔痢疾杆菌，病兔和带菌兔是主要传染源。通过粪便排出病原体经口感染，仔兔最容易感染。主要因兔食用被污染的饲草、饲料而发病。常发生在多雨、空气潮湿季节，特别是饲养管理不当、卫生条件差的兔群极易发生传染性痢疾。多在夏秋季节发生。

（1）症状　本病潜伏期 1～2 天，患兔精神委顿、不食或食量减少。主要表现为下痢，排出黄色、灰色粪便，呈糊状，有时带肠黏膜、脓血，脱水、消瘦、两耳发凉、体温下降、有时很快死亡。

（2）剖检　病变在结肠、直肠，肠系膜水肿、充血、出血，呈渗透性卡他性变化。

（3）诊断　根据流行病学特点、临床症状和剖检病变可做初步诊断。确诊需要取病兔新鲜粪便或大肠黏膜涂片，通过实验室镜检即可确诊。

（4）防治方法

① 预防。引进种兔必须隔离观察、检疫，健康者方可混饲。平时加强营养管理，搞好兔舍环境卫生工作，笼具等要清洁干净。发现病兔立即隔离治疗或淘汰。对笼舍、场地用草木灰、石灰等消毒。

② 治疗。

a. 验方。

ⅰ大蒜疗法。用 20% 大蒜液灌服，1 日 2 次，每次 1 汤匙。

ⅱ鲜马齿苋 20 克，煎水取汁，加红糖少许灌服。

b. 中草药疗法。

ⅰ地锦草鲜草让兔自由采食，也可将其干粉拌入饲料中饲喂，用量不超过 10%。

ⅱ每日适量喂 2～3 次车前草，可防止兔拉稀，如已经拉稀，每天每只兔喂 3 次，每次 750 克鲜净车前草，连续喂 3 天即可治愈。

c. 西药疗法。

ⅰ链霉素每只兔 0.1～0.2 克，每日 2 次，肌内注射，连用 3～4 天。

ⅱ 土霉素每千克体重 40 毫克，每日 2 次，肌内注射，连用 3～4 天。

ⅲ 磺胺脒（SG）每千克体重 0.1～0.2 克，每日 2 次，连用 3～4 天。

ⅳ 呋喃唑酮（痢特灵）每千克体重 5～10 毫克，内服，每日 2～3 次，连用 3 天。

Ⅴ 脱水要用 5% 葡萄糖溶液静脉注射，每日 2 次，连用

3天。

9. 坏死杆菌病

本病是由坏死杆菌引起的一种散发性传染病。以皮肤、头面部及颈部皮下组织、口腔黏膜的坏死、溃疡和脓肿为特征。病原为革兰氏阴性的多形态杆菌。被病兔和带菌兔的分泌物、排泄物污染的饮水和饲料为传染源。主要通过损伤的皮下组织、口腔与消化道黏膜而传染。环境卫生条件差、潮湿、闷热、拥挤、吸血昆虫叮咬和营养不良可促使本病发生。本病多为散发，有时呈地方性流行发生。幼兔比成年兔易感性高。

（1）症状　病兔停止采食，流涎，体重迅速减轻。颜面、唇部、口腔、舌黏膜和齿龈、颌下、颈部以至胸前等处的皮肤和皮下组织发生坏死性炎症，形成脓肿、溃疡。病灶破溃后散发恶臭气味。

（2）剖检　可见口腔黏膜、齿龈、舌面、颈部和胸部皮下组织及肌肉组织坏死。淋巴结肿大，并有干酪样坏死灶。多数病例在肝、脾、肺等处有坏死灶和胸膜炎、心包炎。坏死组织病灶破溃后发出特殊臭气。

（3）诊断　根据临床特有症状，基本可以确诊。

（4）防治方法

① 预防。加强管理，保证兔舍干燥、通风和阳光充足，清洁卫生。防止外伤，一旦发生外伤及时治疗，防止感染。本病发生后及时隔离治疗，普遍检疫，清扫兔舍，进行彻底消毒，防止扩大传染。

② 治疗。首先将局部坏死组织彻底除去，口腔以0.1%高锰酸钾溶液冲洗，然后涂擦碘甘油或10%氯霉素酒精溶液，

每天 2 次，其他部位可用 3％双氧水或 1％速效碘冲洗，然后涂 5％鱼石脂酒精或鱼石脂软膏。当患部出现溃疡时，在清理创面后，涂土霉素软膏或青霉素软膏。全身症状严重时，可肌内注射抗生素及磺胺类药物。如青霉素每千克体重 4 万单位，肌内注射，每天 2 次，也可用磺胺嘧啶等。

10. 巴氏杆菌病

兔巴氏杆菌病又称兔出血性败血症，是由多杀性巴氏杆菌引起的传染病，病兔是本病的主要传染源（带菌动物），病菌通过呼吸道、消化道或皮肤黏膜伤口而感染。气候突变、饲养管理不良可引起机体抗病能力下降引起本病。根据症状和病理变化，可分为败血型、鼻炎型、肺炎型、中耳炎型、结膜炎型、生殖器官感染和脓肿等类型。在兔群中常呈散发或地方流行，一年四季均可发生，以春秋两季多发。

（1）症状　本病的潜伏期可自数小时至 2～5 天，根据病程可分为急性型、亚急性型和慢性型。

① 急性型。病兔精神沉郁，食欲不振，拒食，呼吸急促，体温升至 41℃左右，流浆液或脓性鼻涕，打喷嚏，有的病兔下痢，排稀粪或白色黏液粪。病程短者 24 小时内，病程较长的 1～3 天死亡，死前体温下降，全身颤抖，四肢抽搐。有的病兔不发生明显症状可突然死亡。

② 亚急性型。大多由慢性型恶化转为亚急性型。主要表现为鼻炎，继发肺炎和胸膜炎。病兔呼吸困难，流黏液性或脓性鼻涕，打喷嚏，结膜因缺氧而呈蓝紫色。体温稍高，食欲减退，有时腹泻，关节肿胀，眼结膜发炎。病程持续 1～2 周，有的延长到 1 个月左右，最后因瘦弱和衰竭而死亡。死后剖检

可见胸腔积液，肺组织全部或部分呈深紫色。

③ 慢性型。慢性型是兔场中的常见病型。以上呼吸道卡他性炎症和斜颈（中耳炎的主要症状）等为主要特征。病兔鼻腔流出浆液性分泌物，后转变为黏液性，终成脓性，在鼻孔外周结成污块。由于鼻塞和分泌物刺激，呼吸轻度困难，常打喷嚏和用前爪搔鼻，以致局部红肿。还可引起中耳炎、中耳脓肿、结膜炎、角膜炎等。病兔头颈倾斜，影响采食和饮水。此外，在皮下、胸壁、乳腺、淋巴结和其他内脏器官也常发生肿胀。病程缓慢，最后因衰竭而死亡。

此外，多杀性巴氏杆菌还可通过划破的皮肤侵入皮下，产生局部脓肿，或者进入子宫，产生子宫积脓，或感染睾丸引起睾丸炎。

（2）剖检　鼻窦和副鼻窦内有分泌物，幼兔鼻液多呈黏液性，种母兔鼻液多呈脓性。窦腔黏膜充血、出血。咽和喉出血，气管内黏膜大面积出血。大部分的病兔在肺部有大面积病变，肺实质出血、脓肿，有的整个肺高度肿胀，胸腔内积大量淡黄色液体，液体内悬浮一些大小不等的纤维素性化脓块，肺浆膜上有灰白色纤维素沉着。十二指肠、空肠、回肠黏膜增厚，呈灰白色，肠腔内充满灰白色较黏稠的液体，肠系膜淋巴结肿大。个别病例肝、脾上有少量灰白色坏死病灶，心包膜有出血点，肝脏轻度肿大。肠黏膜脱落。多数死兔膀胱空虚，少数充盈。

（3）诊断　据发病情况、临床症状、细菌学检查和动物试验可诊断是否为兔巴氏杆菌病。

（4）防治方法

① 预防。加强饲养管理和卫生防疫工作。种兔场要定期检疫，净化兔群，严禁其他畜禽进入，以减少和杜绝病菌传播机会。发生巴氏杆菌病的兔场可预防接种兔巴氏杆菌氢氧化铝甲醛苗（最好用本场自制的兔巴氏杆菌灭活菌），皮下注射1毫升，7天产生免疫力，免疫期4～6个月。也可注射巴氏杆菌和魏氏梭菌二联菌苗。未断奶的仔兔皮下注射1毫升，其余兔2毫升，4～6个月内进行第2次免疫注射。经常检查兔群，发现病兔应尽快隔离治疗或淘汰。兔舍、笼具、场地要用20％石灰乳、3％来苏儿或2％火碱液消毒。

② 治疗。

a. 抗生素疗法。

ⅰ链霉素每千克体重20毫克，每日2次，连用5天。

ⅱ庆大霉素每只兔2万～4万单位，肌内注射，每日2次，连用5天。

ⅲ四环素每千克体重40毫克，肌内注射，每日2次，连用2天。

ⅳ对患鼻炎的慢性病例，可用青霉素、链霉素（每毫升各2单位）滴鼻，同时配合土霉素每千克体重25～40毫克，混在饲料中喂食，每日1次，连用5天。

b. 碘胺药物疗法。用磺胺二甲嘧啶0.5克，每天1次，连用2～3天。

c. 全群用氧氟沙星，按每千克体重20毫克混入饲料中，自由采食，连用15天。

对局部感染巴氏杆菌的兔，应进行局部处理，对脓肿病兔，待脓肿成熟后，切开排脓，用3％过氧化氢冲洗，再涂以四环素或撒布消炎粉。

11. 兔结核病

兔结核病是一种慢性传染病，病原主要是牛型结核杆菌，禽型和人型结核杆菌也能引起。以肺、消化道、肾、肝、脾与淋巴结的肉芽肿性炎症及非特异性症状，如消瘦为特征。本病传播经呼吸道，一般通过被感染的饲料和饮水经消化道感染，也可经皮肤创伤、脐带、交配而传染。结核杆菌对外界环境因素抵抗力很强，但一般消毒药可将其杀死。动物营养不良、卫生条件差及寄生虫病等可促使本病发生。

（1）症状　本病症状不明显，且病程缓慢，多表现为消耗性的非特异性症状。病兔精神沉郁，被毛粗乱，食欲不振，日益衰弱，消瘦，咳嗽气喘，呼吸困难。黏膜苍白，眼睛虹膜变色，晶状体不透明，体温稍高。患肠结核病兔出现腹泻。有些病例四肢关节、膝关节和跗关节骨骼变形、肿大，甚至出现脊椎炎和后躯麻痹。

（2）剖检　可见尸体消瘦并呈淡黄色至灰色。病变的器官上如肝、肺、腹膜、肾、心包、支气管淋巴结、肠系膜淋巴结等部位出现大小不一的结节，切开后呈黄白色干酪样物。外面包有一层纤维组织性的包膜。肺中的结核灶可发生融合，并可形成空洞。肠道发生结核时，肠淋巴结肿大，有干酪样坏死灶，与之相对应的黏膜脱落而引起溃疡。

（3）诊断　根据临床症状、剖检病变和细菌学检查进行综合诊断，即可确诊。

（4）防治方法

① 预防。本病的治疗意义不大。重点在于加强饲养管理

和改善卫生条件。坚持经常消毒制度和防疫制度，防止其他动物进入兔舍。患有结核的人员不能作饲养员。过去养过畜、禽的场特别是患过结核病的场，未经消毒不可饲养家兔，引进家兔要从无病场采购并隔离检疫，发现本病后立即淘汰。

② 治疗。可用链霉素，每千克体重3万～5万单位，肌内注射，每日2次，连用7天。

12. 泰泽氏病

泰泽氏病是由毛样芽孢杆菌引起的一种传染病。以严重下痢、排水样或黏液样粪便、脱水并迅速死亡为特征。其病原体是毛样芽孢杆菌。

毛样芽孢杆菌从病兔的粪便中排出，病原体污染饲料、饮水、用具、垫草及周围环境，经消化道感染。本病发生于家兔，主要侵害6～12周龄的幼兔。饲养拥挤、过热、饲养管理不良、卫生条件差等可引起该病的发生。本病的发生率和死亡率较高。

（1）症状　发病很急，表现为精神沉郁，绝食，严重腹泻，粪便呈褐色糊状乃至水样，病兔后肢沾有粪便，迅速脱水、虚弱，常于发病后12～48小时内死亡。少数耐过此病的家兔则表现食欲不振，生长停滞。

（2）剖检　病兔尸体严重脱水，全身有粪便污染，小肠后段、盲肠、结肠前段黏膜炎症出血，肠腔内有水样褐色内容物。较为慢性的病例，坏死部位的肠段常因纤维化而变狭窄。肝脏表面有许多针尖状灰白色小坏死点。心肌内有灰白色条纹或灰白色的小病灶。肝脏肿大，有许多针尖状灰白色坏死病灶。

（3）诊断　根据临床症状和剖检病变可做出初步诊断，确诊时在病变组织的细胞浆中找到毛样芽孢杆菌便可确诊。

（4）防治方法

①预防。加强饲养管理，搞好卫生消毒工作，减少各种应激因素，可阻止本病的暴发。病兔应隔离淘汰，并彻底消毒兔舍、用具，对排泄物进行集中发酵处理，以控制病原扩散。

②治疗。目前尚无有效的药物治疗方法。给发病兔饮用0.006％～0.01％土霉素饮水，可在36小时内制止本病的流行。早期应用抗生素，四环素和青霉素对本病的发生有一定的控制作用。青霉素每千克体重2万～4万单位，肌内注射，每天2次，连用3～5天。青霉素与链霉素联合治疗的疗效良好。也可用四环素、金霉素、红霉素治疗，均可有效地控制本病的发生。

13. 葡萄球菌病

本病是由金黄色葡萄球菌引起的以化脓性炎症为特征的疾病。本病特征是各器官中形成化脓性炎性病灶或全身性败血病。葡萄球菌广泛存在于自然界，长毛兔对金黄色葡萄球菌最敏感，葡萄球菌可通过哺乳母兔的乳头、口、飞沫经上呼吸道、损伤的表皮部位进入机体引发感染，可引起多种类型的疾病。

（1）症状　本病潜伏期为2～5天。由于感染兔体的部位不同，可表现出不同的症状。主要类型如下。

①乳腺炎型。常见于产后最初几天的泌乳母兔。急性病例，患兔体温升高至40℃以上，乳房肿胀，呈紫红色或蓝紫色，灼热和疼痛，有的乳汁中混有脓液和血液；慢性病例，乳

房局部形成大小不一的硬块，而后变软形成脓肿。

② 脚皮炎型。由兔的后肢足底部损伤感染本菌引起，开始时出现红肿、脱毛，继而形成脓肿、化脓后破溃，最终成为大小不一的溃疡面。病兔行动困难，食欲减退、消瘦，有的转为全身性感染，呈败血病而死亡。

③ 脓肿型。发生于全身的皮下及任何器官。皮下脓肿多由外伤引起，病变部位初期红肿、硬实，后形成脓肿，脓肿可经1～2个月，柔软而有弹性，成熟后自行破溃；流出黏稠的白色酸奶油样的脓液，破溃口经久不愈。内脏器官脓肿可使其机能受到影响，多发生全身感染而成为脓毒败血症，病兔迅速死亡。

④ 仔兔肠炎型。又称仔兔黄尿症，是由于仔兔吸吮了患乳腺炎母兔的乳汁后引起急性肠炎，发生急性腹泻，排出黄色水便。患兔肛门周围被毛污秽、腥臭，身软，呈昏迷状态，2～3天死亡，死亡率高。

此外，还有仔兔败血症型、鼻炎型等。

（2）防治方法

① 预防。保持笼具及场地的清洁卫生和干燥，及时清理兔舍内的粪尿，确保兔笼、产仔箱、运动场与地面清洁卫生，定期更换产仔箱窝内垫料。一旦发现有外伤的兔子要及时消毒，妥善处理，防止感染。注意防止兔发生外伤。在早晚保温的同时，中午加强兔舍通风换气，降低湿度，在兔舍内熬食醋，改善兔舍环境。对所有怀孕母兔产前产后应精心护理，并要做好记录，患疾病母兔在产前3～5天的药物保健，可在饲料中添加土碱粉剂20～40毫克/千克体重，喂3天即可。

② 治疗。用抗生素和磺胺类药物治疗，有一定疗效。

a. 抗生素疗法。全群用阿莫西林溶液饮水 5 天，停药 3 天后，每只母兔用 20 万国际单位庆大霉素兑水 2.5 升，供兔全天饮用，连用 3 天。对个别重症感染的病兔可用卡那霉素，每千克体重10～15毫克，肌内注射，每日 3 次，连续 4 天。

b. 磺胺药物疗法。用磺胺二甲嘧啶（SM2）片 0.5 克，内服，每日 1 次，连用 3 天。

用以上方法治疗 1 周后，病情明显好转，兔群大体恢复健康。

局部脓肿、溃疡病例，可采用剪毛消毒，清除坏死组织后，涂擦外用药物，如青霉素软膏、5％龙胆紫酒精溶液等。

14. 链球菌病

兔链球菌病是由一种溶血性链球菌引起的急性败血症。链球菌为革兰氏阳性球菌，以流鼻液、呼吸困难、间歇下痢为主要特征。溶血性链球菌在自然界分布广泛，在家兔的呼吸道、口腔和母兔阴道中生存。多呈急性经过，对幼兔危害最为严重。

但是本菌并不都能引起发病。病兔与带菌兔是主要传染源。病兔的分泌物和排泄物污染饲料、饮水、用具及周围环境，经兔的上呼吸道黏膜、眼结膜、生殖道黏膜、皮肤伤口或扁桃体而传染。由于饲养管理不当、气候突变、受凉感冒、长途运输等应激因素，兔体抵抗力降低可诱发本病。一年四季均能发生，但以春秋两季多见。

（1）症状　此病多为急性经过，往往在 24 小时内不见任何症状便死亡。第 1 天下午和晚上还见兔精神、食欲正常，第

2 天早上就发现死亡。有的上午采食正常，下午便死亡。病兔精神沉郁，体温高达 40℃ 以上，食欲减退或废绝，流浆液性鼻液，黏膜发炎，呼吸困难，间歇性下痢，呈脓毒败血症而死亡。多数病兔耳根部肿胀，耳下垂，摇头，搔耳，外耳道内有大量黄色呈纸卷状干酪样渗出物。有的病兔颈淋巴结发炎，硬而肿之后排出脓液。严重者歪头、倒地、转圈、抽搐甚至死亡。

（2）剖检　皮下组织出血性浆液性浸润，脾肿大，肝、肾脂肪变性；肠黏膜弥漫性出血，肠内壁点状或斑状出血，膀胱黏膜充血。肺暗红至灰白色。胸膜发炎、心外膜炎。

（3）诊断　根据流行病学特点、临床症状、剖检病变可做初步诊断。确诊需要通过细菌学检查、分离培养等方法确定该病是否是由链球菌感染引起的兔链球菌病。

（4）防治方法

① 预防。改善饲养管理，防止受凉感冒，尽量避免应激因素的发生。发现病兔应立即隔离治疗，兔舍兔笼及场地用 3％来苏儿液或 1/300 菌素敌全面消毒，用具用 0.2％氢氧化钠消毒。未发病兔可用磺胺类药物预防，每只兔 100～200 毫克，1 次/天，口服，连用 5 天，有预防作用。

② 治疗。

a. 中草药疗法。用蒲公英 3 克、紫花地丁 3 克，水煎取汁拌料喂服，每日 2 次，连用 3 天。

b. 抗生素疗法。

ⅰ青霉素，每千克体重 3 万单位，肌内注射，每天 2 次，连用 3～4 天。

ⅱ红霉素，每只兔 50～100 毫克，肌内注射，每天 3 次，连用 3 天。

ⅲ先锋霉素Ⅱ每千克体重 20 毫克，肌内注射，每天 2 次，连用 5 天。

c. 磺胺药物治疗。用磺胺嘧啶钠，每千克体重 0.2～0.3 克，内服或肌内注射，每天 2 次，连用 4 天。

淋巴结发生脓肿的病兔，若脓肿未成熟且发硬时，可涂鱼石脂软膏，若脓肿已成熟（触摸变软），可切开排脓，用 2% 洗必泰或 3% 过氧化氢冲洗，涂碘酒或碘仿磺胺结晶粉，每日 1 次。

15. 李氏杆菌病

李氏杆菌病是由李氏杆菌引起的一种畜禽啮齿动物和人共患的一种散发或呈地方流行的传染病。兔急性病例主要表现为脑膜炎、败血症和流产。慢性病例表现为出血坏死性子宫炎、流产和结膜炎为特征的败血症，对家兔生产危害很大。本病传染源很多，患病和带菌动物的分泌物及排泄物，如粪便、尿液、精液和乳汁等污染用具、水源、土壤等，经消化道、呼吸道、眼结膜、外伤、交配及吸血昆虫叮咬而传染。鼠类、野鸟为本菌的自然界储存宿主，可将本菌传染给兔。幼兔和妊娠兔最易感染本病。本病多呈散发，幼兔和妊娠母兔易感性高，致死率也较高。

（1）症状　本病潜伏期为 2～5 天或稍长。根据症状和病程可分为急性型、亚急性型和慢性型 3 种类型。

① 急性型。常见于幼兔，主要表现为败血症，突然发病。精神委顿，废食，体温升高至 40℃ 以上，鼻腔黏膜常发炎，

流出浆液性或黏液性分泌物，消瘦、衰弱。若病原菌在大脑繁衍，引起其神经中枢神经机能障碍，表现侧卧，口吐白沫，背膊，四肢抽搐，转圈，运动失调，消瘦，经几小时或 2～3 日死亡。

② 亚急性型。表现精神沉郁，眼睛半睁，独蹲于角落里。食欲废绝，体温在 42.5～43.0℃，呼吸加快，出现神经症状，如嚼肌痉挛，全身震颤，兔坐样，极度衰弱。口角流出白沫，鼻孔流出黏性分泌物。有较严重的结膜炎，伴有脓性眼哆，经 2～5 天死亡。怀孕病母兔有的呈现明显的神经症状，呈间歇性发作，运动失调，表现向前冲撞，或转圈运动，有时发出尖叫，四肢痉挛性抽搐。最后倒地，经 1～3 小时死亡。有些细菌侵入子宫后可造成流产。

③ 慢性型。病初表现食欲大减，可吃少量的青嫩菜叶。体况极度消瘦，虚弱，病兔精神委顿，独蹲一隅，不走动。慢性经过病例濒死期主要表现是一侧倒地，角弓反张，抽搐，衰竭。一般 2～5 天死亡。

（2）剖检

① 急性病例。在急性病例中，幼兔、孕母兔可见心包和腹腔储留透明的液体。皮下水肿。肝脏表面有无数针尖大淡灰色的病灶。脾脏浆膜也有相似病灶。同时也可见肝、脾表面，以及心外膜上有散在的出血点。

② 慢性病例。慢性经过可见肝表面和切面都有明显的灰白色粟粒大坏死灶。心包腔、胸腔、腹腔积液，心外膜有条状出血斑。脾肿大，质地脆弱，切面隆起，充血，脾脏组织结构模糊不清，怀孕母兔子宫内可见大量脓性渗出物，子宫壁脆

弱，易破碎，肌层增厚 2～3 倍，呈暗灰或污秽色，子宫内膜充血，有粟粒大坏死灶，黏膜粗糙无光泽，表面覆有污秽色的组织碎片。

（3）诊断　根据本病流行病学特点、临床症状特征和剖检病变，可做初步诊断。确诊需要实验室细菌学涂片和菌落培养特征，生化反应特性，以及动物接种试验阳性和血液学变化特点，综合确诊是否为家兔李氏杆菌病。

（4）防治方法

① 预防。平时必须做好日常卫生防疫工作，正确处理兔的粪便，消灭鼠类，防止野兔等动物进入养兔场。不从疫区兔场引进种兔。引进种兔时需要隔离观察检疫。如发现病兔应隔离治疗或淘汰处理。兔舍、用具等用 1％～3％火碱液或 3％～5％来苏儿液消毒，死亡兔的尸体应深埋或焚烧处理。

② 治疗。

a. 中草药疗法。

ⅰ金银花 3 克、板蓝根 3 克、野菊花 3 克、茵陈 3 克、钩藤根 3 克、车前草 3 克，水煎内服或拌料（治疗幼兔李氏杆菌感染）。

ⅱ大青叶（或板蓝根）10 克、钩膝根 10 克、蜈蚣 2 条、蚂蟥 2 条，水煎内服或拌料，每日 2 次，连用 3～5 天（治疗李氏杆菌引起的怀孕母兔流产）。

b. 抗生素疗法。发病早期，治疗可用青霉素每只兔 10 万～20 万单位，肌内注射，每日 2 次，连用 3～5 天；庆大霉素每千克体重 1～2 毫克，肌内注射，每日 2 次，连用 3～5天；青霉素和庆大霉素联用，肌内注射，每日 2 次，连用 3～

5 天，疗效较好。

c. 磺胺药物疗法。磺胺嘧啶每千克体重 0.3 克，肌内注射，每日 2 次，连用 3～5 天；增效磺胺嘧啶，每千克体重 2.5 毫克，肌内注射，每日 2 次，连用 3～5 天。

16. 支气管败血波氏杆菌病

兔支气管败血波氏杆菌病是由支气管败血波氏杆菌引起的一种慢性呼吸道传染病。本病传播广泛，带菌兔和病兔是主要传染源，健康兔主要通过呼吸道感染。天气骤变、兔舍卫生不良、感冒、寄生虫病、空气污浊、刺激性气体等因素，均易引发本病。本病除兔易感染外，马、狗、猫等动物也可以感染，人亦可感染。各种年龄段的兔均可发病，仔兔、幼兔发病率最高，常呈地方性流行，多发生于秋冬季节。

（1）症状　本病的潜伏期为 5～10 天。病兔从鼻腔流出水样或黏液样分泌物。有的 1～2 天死亡。多数病例出现咳嗽，呼吸困难，鼻腔流出大量浆液性、黏液性或脓性分泌物。食欲不振，消瘦，病程可达 1 个月以上。发病诱因消除后，症状很快消失，但常出现鼻中隔萎缩。少数病兔鼻炎长期不愈发展为败血症后，大都死亡。

（2）剖检　可见鼻腔黏膜和支气管黏膜充血、发炎，并有大量浆液性黏液样分泌物，肺水肿，有暗红色突变区。在肺门支气管周围到肺的边缘，见有支气管肺炎病灶。有的病例胸腔有大小不等和数量不等的脓疱，脓疱内积满黏稠乳白色的脓汁。有的病例肺和肝脏有大小不等的脓灶，还有的病例出现心包炎、胸膜炎、胸腔积脓和肌肉脓肿等病理变化。

（3）诊断　根据流行病学、临床症状和剖检病变可做初步诊断。确诊需要进行实验室化验。

（4）防治方法

① 预防。改善饲养环境，保证通风良好，保持笼舍适宜的温度和湿度。对舍内的工具、兔笼等要定期消毒。定期杀虫、灭鼠及淘汰病兔。定期给兔免疫接种。兔家可用兔支气管败血波氏杆菌灭活菌苗，每次皮下注射 1 毫升，7 天可产生免疫力，免疫期 7 个月。有条件的兔场可用本场分离得到的支气管败血波氏杆菌，制成蜂胶或氢氧化铝灭活菌苗，进行预防注射，免疫效果会更好。

② 治疗。可选择下列药物进行治疗。盐酸诺氟沙星注射液，肌内注射，每千克体重 0.15 毫升，每日 2 次，连用 2～3天；复方磺胺嘧啶钠注射液，每千克体重 0.1 毫升，肌内注射，每天 1 次，连用 3～4 天，首次剂量加倍；青霉素和链霉素，每千克体重 2 万～3 万单位，混合后肌内注射，每日 2次，连续 3～5 天；盐酸土霉素，每千克体重 0.1 毫升，肌内注射，每天 1 次，连用 3～5 天；硫酸庆大霉素，每千克体重 3～5 毫克，肌内注射，每天 2 次，连用 3 天；复方敌菌净，每千克体重 35 毫克，内服，每日 2 次，连用 5 天。

17. 产气荚膜梭状芽孢杆菌病

本病是由产气荚膜梭状芽孢杆菌及其外毒素引起的一种暴发性、死亡率很高的胃肠道疾病。其特征为泻下大量水样或血样粪便和脱水死亡。产气荚膜梭状芽孢杆菌在自然界普遍存在，也是健康动物肠道的正常菌丛，过量饲喂高蛋白饲料可使细菌的数量在肠道内大大增加。外界条件的突然改变，例如长途运输，饲养管理不当，突然更换饲料，气候骤变，都能使兔肠道内正常菌丛平衡受到破坏，造成本病的发生。不同年龄（除未开料的乳兔）、品种、性别的家兔对本病均易感，且皮用兔的易感性低于毛用兔。一般 1～3 日龄仔兔发病率最高。体质强壮、肥胖的兔发病率也较高，这可能与幼兔正在生长发育，过量摄取精料有关。本病一年四季均可发生，以冬春季发病率最高，即使在饲养管理水平较好的兔场，也可发生，这主要因为冬春季饲料有时不稳定，饲料的蛋白质水平忽高忽低。

（1）症状　本病的显著特征是急剧下痢，在出现腹泻前，精神、食欲无明显变化，体温也正常。腹泻后出现精神沉郁、绝食、粪便呈水样或血样，污染臀部及后腿，摇晃兔的体躯有拍水音。临死前水泻或出现血痢，具有特殊的腥臭味。绝大多数病例属于急性型，消瘦，眼球下陷，显出脱水症状。在出现腹泻的当日或次日即死亡。极少数病例拖至 1 周。较长病程的病例可能出现贫血、黄疸及血红蛋白尿。

（2）剖检　剖开腹腔嗅到特异的腥臭味。胃里充满饲料，胃浆膜可见到黑色的溃疡斑纹，胃底部黏膜脱落，可见大小不一的溃疡。小肠充满气体，肠壁薄而透明，大肠黏膜有鲜红出血斑。肠黏膜有弥漫性的充血和出血区。肝脏质地变脆。脾脏变成深褐色。肾脏和淋巴结多数无明显变化。膀胱内多数积有茶色尿液。心脏表面血管扩张，呈树枝状。在显微镜下可发现病变部位有血管内溶血或微血管损伤。

（3）诊断　根据临床症状和剖检病变可对本病做出初步诊断。确诊需要在实验室进行细菌学检查。另外还应做肠道内容物的毒素检查，并用标准血清确定菌型是否为产气荚膜芽孢梭菌感染。

（4）防治方法

① 预防。平时加强饲养管理，减少应激因素的发生，要逐渐更换饲料，防止突然增加高蛋白质饲料。用明矾沉淀的特异性毒素苗或用甲醛处理的毒素苗是有效的抗产气荚膜梭菌肠毒血症菌苗。每年免疫 2 次，断乳仔兔及时预防注射。在本病暴发时可以使用抗血清或毒素苗，可预防和控制本病的发生。

② 治疗。在饲料中加入金霉素（每千克体重 22.5 毫克）可防止和控制本病的发生。由于本病以急性、发病迅速为特征，所以对患病兔进行治疗无价值。

18. 兔密螺旋体病（兔梅毒）

本病又称兔梅毒病，是由兔密螺旋体引起的成年家兔的一种慢性传染病。本病的特征为外生殖器官颜面部及肛门部的皮肤和黏膜发生炎症，出现水肿、结节和溃疡，患部的淋巴结发炎。主要在病兔和健康兔配种过程中经生殖道传染。被病兔污染的垫草、饲料和用具也是本病的传播媒介。本病发生于成年兔。

（1）症状　本病潜伏期为 5～30 天，长的可达 3 个月。病初公兔龟头、包皮和阴囊皮肤红肿，母兔的阴户边缘等外生殖器和肛门周围的皮肤红肿，形成粟粒大小的结节，以后肿胀部和结节表面有渗出物而变得湿润，随后形成红紫色、棕色屑状结痂。剥除痂皮后，呈现出易出血的溃疡面。有些公兔阴茎水肿、皮肤呈糠麸样。病灶处有痒感，病兔用嘴摩擦，导致口鼻处感染，患部脱毛。病兔精神、食欲、大小便、体温等无明显变化。本病呈慢性，可持续数月。患病母兔会影响发情和交配，受胎率较低。

（2）防治方法

①预防。引进种兔必须隔离观察 1 个月，无病方可合群。严防病兔污染饲料、饮水和饲喂工具。定期进行消毒。发现病兔及时隔离治疗，严禁配种。

② 治疗

a. 可用青霉素 20 万单位，肌内注射，每日 2～3 次，连用 5 天，或用链霉素，每千克体重 15～20 毫克，肌内注射，每日 2 次，连用 3～5 天。

b. 914（新胂凡钠明），按每千克体重 40～60 毫克，用灭菌蒸馏水配成 5% 溶液，静脉注射，每周 1 次或隔 2 周重复 1 次。若同时配合青霉素治疗，疗效更佳。

c. 用 5% 葡萄糖液 15 毫升稀释，耳静脉注射。

d. 对炎性病变部位先用 0.1% 高锰酸钾溶液或 2% 硼酸溶液冲洗，然后涂擦磺甘油或青霉素软膏。对溃疡面冲洗后涂擦 25% 甘汞软膏，可加速愈合。

19. 皮肤霉菌病

兔传染性皮肤霉菌病是一种真菌性传染病，主要侵害皮肤，传染性强。可通过与病兔相互接触传染，也可通过人员与各种用具等间接传染。病变始于仔、幼兔口、鼻、眼周围，继而传播到肢端、腹部和其他部位。卫生条件差、通风不良以及高温、高湿的兔舍更易暴发，严重影响家兔的生长发育及生产性能，并且兔场一旦感染，难以彻底根除，将给养兔场（户）带来重大的经济损失。

（1）症状　霉菌主要在皮肤角质层，一般不侵入真皮层，但其代谢产物具有毒性，可引起真皮充血、水肿，发生炎症。种兔往往隐性感染，不表现临床症状，难以辨别认识。而产后仔、幼兔由于吮乳与母兔腹部接触，感染通常始于口唇、鼻、眼周围或其附近，病变表现为不规则块状或圆形，兔毛脱落或断毛，皮肤表面呈痂皮样外观，毛囊和毛囊周围炎症，或表现圆形突起，带灰色或黄色痂皮，痂皮脱落可呈现溃疡，用力可挤出脓汁，严重的母兔乳房周围出现小红点，继而扩大，变硬，破溃后，可挤出脓汁。如果兔场通风干燥，环境条件好，进行一定防制，感染不严重的仔、幼兔随着日龄的增加，抗病力增强，逐步转为外观正常但隐性感染带菌的兔，引种者难以辨别认识，所以要引起引种者高度重视。

（2）诊断　通过临床症状结合剖检病变，可做初步诊断。确诊体表真菌病可通过实验室进行病变皮肤刮屑显微镜检验，深部真菌病要采集刮屑在霉菌培养基上培养分离，进行免疫学、病理组织学检查来确诊。本病与兔疥癣和营养性脱毛有明显区别。

兔疥癣由疥螨引起，主要寄生于头部和脚掌部短毛处，随后蔓延至躯干，脱毛奇痒，皮肤发生炎症，皮肤深处刮屑可检出螨虫。

营养性脱毛是由日粮中蛋白质、钙和维生素缺乏，光照不足和潮湿等引起，一般呈散发。症状是皮肤无异常，断毛整齐，根部有毛茬。

（3）防治方法

① 预防。不到病兔场购兔引种；避免与病兔场人员或兔接触，兔舍、笼具、周围环境定期严格消毒，消毒可用2％烧

碱、10％～20％生石灰水或含过氧乙酸消毒剂；加强饲养管理，搞好笼舍环境卫生，保持兔舍通风干燥，尤其在气温较高的条件下，尽量避免冲圈带来的高温高湿，感染兔应早期发现，并立即隔离或淘汰。

② 治疗。感染的兔场由于环境中带有大量病原菌，单依靠药物很难根治。必须采取持久的综合防治措施，对已发病兔进行治疗。局部治疗先剪毛除痂、清洗，然后涂擦山苍子油于患部。使用制霉菌素软膏，10％水杨酸钠膏、柳酸酒精等都有疗效。群体治疗可在每 0.5 千克精料中加 0.375 克粉状黄霉素，连用 14 天即可见效。

20. 魏氏梭菌病

本病又称兔魏氏梭菌性肠炎，是由 A 型魏氏梭菌产生外毒素引起的肠毒血症。以急剧腹泻、排出黑色水样或带血胶冻样粪便，盲肠浆膜血斑和胃黏膜出血、溃疡为主要特征。本菌有荚膜可形成芽孢。本菌普遍存在于土壤、粪便、污水、饲料、健康动物的消化道内，能产生很强的外毒素，具有坏死性、溶血性和致死性。病兔和带菌兔以及含有本菌的土壤和水源为传染源，主要经消化道或伤口传染。饲养管理不当、饲料突然改变、天气骤变等应激因素可造成本病暴发。长毛兔发病率高于肉用兔，1～3 月龄仔兔发病率最高。本病一年四季均可发生，以冬春两季发病率较高，有的呈散发性流行，有的呈暴发性流行。

（1）症状　急性病例突然发作，急剧腹泻，很快死亡。有的病兔精神不振，食欲减退或不食，粪便不成形，很快变成带血色、胶胨样、黑色或褐色、腥臭味稀粪，污染后躯。患兔严重脱水，肠内充满气体，四肢无力，呈现昏迷状态，逐渐死亡。有的病兔死前出现抽搐，个别突然兴奋，尖叫一声，倒地而死。多数病例从出现变形粪便到死亡约 10 小时。少数病例病程稍长，1 周左右死亡。

（2）剖检　剖检可见尸体脱水，肺气肿，腹腔有特殊腥臭味。胃黏膜脱落，多处有出血斑和溃疡斑，大小不一。肠黏膜弥漫性出血，小肠充满胶冻样液体并混有大量气体，肠壁薄而透明，大肠内有大量气体和黑色水样粪便，有腐败臭味。肝脏肿大变脆，脾呈深红褐色，肾肿大，心脏表面血管扩张呈树枝状，心内膜出血。

（3）诊断　根据流行病学特点、临床症状和剖检病变，可做初步诊断。确诊需要实验室采集病死兔小肠内容物和肠黏膜涂片，革兰氏染色镜检，均发现大量魏氏梭菌，即可确诊为兔魏氏梭菌病。

（4）防治方法

① 预防。平时加强饲养管理，科学饲喂。保证饲料营养成分均衡，少喂高蛋白或低纤维饲料。消除各种应激因素，并按时进行免疫接种。通常在幼兔断奶前后免疫接种兔魏氏梭菌病灭活疫苗，每兔皮下注射 1 毫升，以后每半年注射 1 次。发生病情时立即隔离治疗或淘汰病兔。兔舍、笼具等用 3％热碱水消毒，病死兔及其分泌物深埋或焚毁。

② 治疗

a. 发病早期可用抗 A 型产魏氏梭菌病高免血清治疗，每千克体重皮下或肌内注射 2～3 毫升，每天 2 次；也可用魏氏梭菌病灭活疫苗，每只皮下注射 2～3 倍剂量进行紧急接种。

b. 用 0.5％病菌净，每只皮下注射 2 毫升，每日 2 次，群体发病时可口服喹乙醇等药物治疗。

c. 抗生素疗法。用卡那霉素、金霉素、红霉素等均可杀灭该病病菌，减少毒素的产生。对于患兔，最好是抗菌消炎、补液解毒和帮助消化同时进行。对患兔口腔灌注青霉素 20 万单位（每只）、链霉素 20 万单位（每只）、葡萄糖和生理盐水 20～50 毫升（每只），肌内注射维生素 C1 毫升（每只），每天 2 次，连用 3～5 天，有较好效果。但对已产生的毒素不起作用，在治疗中仅起辅助作用。

（二）　长毛兔常见寄生虫病

1. 球虫病

长毛兔球虫病是养兔生产中最常见、危害最严重的一种寄生虫病。球虫为圆球形或卵圆形的寄生虫，寄生于胆管上皮和肠道上皮细胞内，球虫卵囊在外界温度为 20℃，湿度为 55％～75％时，经 2～3 天发育成熟，具有传染性。各种兔对兔球虫均有易感性。断奶后至 4 月龄的幼兔感染本病最为严重。长毛兔球虫病发病程度与兔舍卫生条件、饲养管理水平等因素密切相关，特别是兔舍条件差、消毒不严格、阴暗潮湿等是引起本病的主要原因。如没有及时治疗或防治方法不当，可出现大批死亡。长毛兔球虫病一年四季均可发生，发病虽不明显，但以 5～8 月为多发高发期。

（1）症状　本病潜伏期为 2～3 天或更长。发病之初患兔被毛粗乱，食欲减退，结膜苍白，生长迟缓，腹胀臌气，肚子发青，俗称青肚病。长毛兔球虫病可分为肠型、肝型、混合型

3种。肠型球虫主要寄生于肠道，肠型多呈现急性症状，膀胱充满尿液，腹泻，稀粪沾污肛门，后期出现神经症状，个别病兔不见任何症状，突然倒地，角弓反张，痉挛死亡。肝型多为慢性，被毛粗乱，无光泽，易脱落，可视结膜苍白，眼睑黏膜黄染，腹胀、腹痛、腹水，有的出现神经症状，四肢痉挛和麻痹。混合型较常见，具有肠型、肝型两种症状表现，病兔常表现为贫血、消瘦、下痢与便秘交替发生，尿黄浑浊，后期出现神经症状，抽搐死亡。

（2）诊断　根据流行情况、临床症状和病死长毛兔病例剖检做出诊断。可通过细菌分离确诊。在生产中，对球虫病与大肠杆菌病、球虫病与兔瘟、球虫病与巴氏杆菌病、球虫病与魏氏梭菌病进行鉴别诊断。兔大肠杆菌病主要表现腹泻、拉稀、食欲减退、消瘦。肠道病变与球虫病相近。兔瘟主要表现为急性发作，剖检可见实质器官出血，特别是口腔、鼻腔、肺、肝脏、尿道出血明显，根据临床症状可做出诊断。巴氏杆菌病临床上表现为发热、体温升高，有明显肠道和呼吸道症状。

（3）防治方法

① 预防。加强饲养管理，特别是对母兔和仔兔的管理。首先母兔有健康的体质、充足的乳液，让仔兔吃好初乳，健康强壮，实行母、仔分笼饲养。笼舍经常保持卫生、清洁干燥，每天要定时清除笼舍粪便，并进行堆积发酵处理，杀灭粪便中球虫虫卵。笼舍要定期火焰消毒，地面可用百毒杀或碘制剂喷洒消毒，1次/周，定期预防用药，仔兔断奶开食至4月龄左右，定期在饲料中交叉加入氯苯胍、地克珠利、克球粉、复方新诺明等抗球虫药物，防止球虫虫卵传播。

② 治疗。

a. 氯苯胍预防量为每千克体重 150 毫克，混饲连用 5～6 天，治疗量为每只兔 10～20 毫克/天，拌料内服，连用 1 周，停用 1 周后，再用 1 周，效果较好。

b. 地克珠利可有效杀灭不同发育阶段虫体，防治方法为 1 月龄仔兔以 1～1.5 毫克/千克拌料内服为宜，2 月龄幼兔 2 毫克/千克拌料内服，连用 1 周，停用 1 周后，再用 1 周，或用 0.02％地克珠利水溶液饮水，连用 15 天，效果较好。

c. 磺胺二甲嘧啶，每千克体重 200 毫克，内服，每日 1 次，连用 5 天。

d. 球痢灵（硝苯酰胺），每千克体重 50 毫克，内服，每日 1 次，连用 5 天。

2. 肝片吸虫病

兔肝片吸虫病是由肝片吸虫寄生于兔的肝胆管内而引起的一种寄生虫病。本病是牛、羊最主要的寄生虫病之一，因饲喂水草而导致兔肝片吸虫病暴发，它对养兔业的危害也十分严重，有时可引起大批兔只死亡。

肝片吸虫虫体扁平，呈叶片状，灰褐色，虫体柔软，虫体长 1.5 厘米。肝片吸虫寄生于兔的肝脏和胆管内。肝片吸虫的成虫在肝、胆管内产卵，虫卵呈长卵圆形，黄褐色，前端较窄，有一个不明显的卵盖，后端较钝。卵壳较薄而透明，卵内充满卵黄细胞和一个胚细胞。虫卵大小为（116～132）微米×（66～82）微米。卵随胆汁进入肠道，随粪便一起被排出体外。虫卵在外界适宜的温度（15～30℃），充足的氧气、水分及光线的条件下，经 10～25 天孵出毛蚴。毛蚴在水中游动钻入中间宿主（如某些淡水螺体）内继续发育，最后发育为尾蚴，尾蚴离开螺体进入水中，附着在水草上，脱去尾部，形成圆形的囊蚴。当兔吃进了含囊蚴的水草后被感染，囊蚴中的幼虫就在兔的小肠中脱囊而出胞蚴，钻入肠黏膜，最后穿过肠壁进入腹腔，再经肝包膜进入肝脏。幼虫在肝脏中经过一段时间的移行后，进入肝、胆管中，经2个多月发育为成虫。

（1）症状　肝片吸虫病的临床症状因感染幼虫的数量、兔体的免疫力、年龄、饲养管理条件等不同而有差异，一般常见的为慢性病例。病兔出现精神委顿，食欲不振，异嗜，逐渐消瘦，虚弱，出现贫血和黄疸等症状。虫体进入胆管后，由于虫体长期的机械性刺激和毒性物质的作用，引起慢性胆管炎、慢性肝炎和贫血。急性病例表现为精神沉郁，食欲废绝，病初发热，喜伏卧，黏膜苍白，黄痘，逐渐衰弱，肝区有压痛。病后1～2天常发生死亡。

（2）剖检　肝片吸虫的致病作用及其所致的病理变化常依其发育阶段的不同而有不同的表现，并且与感染的数量有关。当有大量囊蚴感染时，在其初进入兔体时，幼虫穿过小肠壁并再由腹腔进入肝实质，引起肠壁和肝组织的损伤，肝肿大，肝包膜上有纤维素沉积、出血、有数毫米长的暗红色虫道，虫道内有凝固的血液和很小的童虫。可引起急性肝炎和内出血，腹腔中有血性液体，出现腹膜炎病变，这是导致本病急性死亡的原因。

（3）诊断　根据流行病学特点、临床症状和剖检病变可做初步诊断。确诊需要进行粪便检查虫卵。虫卵大，呈卵圆形，金黄色，卵的窄端有一个不太明显的卵盖，卵内充满卵黄细胞

（中部常较稠密）和一个常偏于后端的卵胚细胞。

（4）防治方法

① 预防。根据肝片吸虫病流行病学及其发育史特点，注意饲草和饮水卫生，不喂沟、塘及河边的草和水。消灭中间宿主椎实螺。对病兔及带虫兔进行驱虫。及时清除兔粪，并进行堆集发酵处理。

② 治疗可采用下列药物进行驱虫：硝氯酚，每千克体重1～2毫克，肌内注射；双酰氯氧醚，10％混悬液口服，1次剂量为每千克体重100毫克；丙硫苯咪唑，每千克体重12毫克，拌入饲料中喂服；肝蛭净，每千克体重12毫克，口服，对成虫及童虫均有效；蛭得净，每千克体重12毫克，加水口服，对成虫效果很好，对幼虫则效果较差。

3. 兔囊尾蚴病

兔囊尾蚴病又称兔豆状囊尾蚴（囊尾蚴体呈卵圆形，在白色的囊内含有囊液和一个凹入的头节，又称"囊虫"，为米粒大至黄豆大白色半透明包囊，囊内充满无色囊液，囊壁为一层无色薄膜，上有一个乳白色小结节，大小如粟粒，为囊虫头节）病，是兔豆状带绦虫的中期幼虫寄生在兔内脏所致的一种寄生虫病，多寄生在肝脏、肠系膜和腹腔内。

（1）症状　兔在一般感染时症状常不明显。大量感染时病兔表现被毛粗乱，动作迟缓，食欲减退，口渴，出现阵发性发热、腹胀、弓背、眼圈苍白、嗜睡、逐渐消瘦，最后衰竭死亡。囊尾蚴侵入大脑，破坏中枢和脑血管，急性发作引起突然死亡。

（2）剖检　病兔肌肉苍白，被毛光泽度差，皮下水肿，肝肿大，表面布满绿豆至黄豆大小囊样病灶。切开肝脏，整个肝脏均布满不透明、有波动感囊样灶。腹腔积有淡黄色腹水，常在胃网膜、肠系膜等处寄生囊尾蚴，其他器官无明显肉眼可见变化。

（3）诊断　将包囊内囊尾蚴放于载玻片上，平整拉直，低倍镜观察，可见幼虫头部有 4 个吸盘 2 排大钩，顶突发达，为豆状带绦虫的幼虫，即诊断为兔豆状囊尾蚴病。

（4）防治方法

① 预防。加强饲养管理，搞好兔场卫生与消毒工作。兔场不可饲喂狗、猫，防止猫、狗粪便污染饲料和饮水。每季度对兔场的兔驱虫 1 次。

② 治疗。用丙硫苯咪唑，全群给药，兔按每千克体重 10 毫克拌料，隔日 1 次，连用 3 次；吡喹酮，每千克体重 25 毫克，皮下注射，每日 1 次，连用 5 天，用药后发病群死亡减少，1 周后停止死亡。

4. 兔蛔虫病

本病是由兔蛔虫和狮蛔虫寄生于兔的小肠和胃内引起的。在我国分布较广，主要危害 1～3 月龄的仔兔，影响其生长和发育，严重感染时可导致死亡。

兔蛔虫（兔弓首蛔虫）呈淡黄白色，头端有 3 片唇，体侧有狭长的颈翼膜。兔蛔虫的特点是在食道与肠管连接处有 1 个小胃。雄虫长 50～110 毫米，尾端弯曲；雌虫长 90～180 毫米，尾端直。

兔蛔虫卵随粪便排出体外，在适宜条件下发育为感染性虫卵。3 月龄以内的仔兔吞食了感染性虫卵后，虫卵在肠内孵出幼虫，幼虫钻入兔肠壁，经淋巴系统到肠系膜淋巴结，然后经血流到达肝脏，再随血流到达肺，幼虫经肺泡、细支气管、支气管，再经喉头被咽入胃，到小肠进一步发育为成虫，全部过程 4～5 周。生育年龄的母兔吞食了感染性虫卵后，幼虫随血流到达身体各组织器官中，形成包囊，幼虫保持活力，但不进一步发育；体内含有包囊的母兔怀孕后，幼虫被激活，通过胎盘移行到胎儿肝脏而引起胎内感染。胎儿出生后，幼虫移行到肺，然后再移行到胃肠道发育为成虫，在仔兔出生后 23～40 天已出现成熟的兔蛔虫。新生仔兔也可通过吸吮初乳而引起感染，感染后幼虫在小肠中直接发育为成虫。

狮蛔虫虫卵在外界适宜的条件下，发育为感染性虫卵，被兔吞食后，幼虫在小肠内逸出，进而钻入肠壁内发育后返回肠腔，经 3～4 周发育为成虫。

(1) 症状　兔肠道有少量蛔虫寄生时看不到明显症状，寄生虫数量增多后病兔精神不振，活动乏力，逐渐消瘦，黏膜苍白。食欲不振，呕吐，异嗜，消化障碍，先下痢而后便秘。偶见癫痫性痉挛。幼兔腹部膨胀，生长发育迟缓。感染严重时，其呕吐物和粪便中常排出蛔虫。

(2) 诊断　本病根据临床症状和从兔粪便中发现虫体或镜检时见小肠内有蛔虫即或确诊。

(3) 防治方法

① 预防。加强饲养管理，搞好清洁卫生工作。认真搞好环境、食槽、食物的清洁卫生，及时清除粪便，并进行发酵处理。定期检查与驱虫，幼兔每月检查 1 次，成年兔每季检查 1 次，发现病兔，立即进行驱虫。

② 治疗。左咪唑，每千克体重 10 毫克内服；甲苯咪唑，每千克体重 10 毫克，每天服 2 次，连服 2 天；噻嘧啶（抗虫灵），每千克体重 5～10 毫克，内服；驱蛔灵，每千克体重 100 毫克，研细，拌精料内服。

5. 兔弓形虫病

兔弓形虫病是由龚地弓形虫寄生引起的。兔弓形虫为人畜共患病原虫，各种兔均可感染本病。弓形虫除感染兔外，猪及其他家畜如牛、羊、马、犬、猫和实验动物等也都能感染弓形虫病。人群和动物的感染率都很高。

弓形虫在其全部生活史中可出现以下 5 种不同的形态。

滋养体：又称速殖子，呈弓形、月牙形或香蕉形，一端偏尖，一端钝圆，大小为（4～7）微米×（2～4）微米。经姬姆萨氏染色或瑞氏染色后，胞浆呈淡蓝色，有颗粒，核呈深蓝紫色，位于钝圆的一端。速殖子主要出现于急性病例的腹水中，常可见到游离的（细胞外的）单个虫体；在有核细胞（单核细胞、内皮细胞、淋巴细胞等）内可见到正在进行内双芽增殖的虫体；有时在宿主细胞的胞浆里，许多滋养体簇集在一个囊内形成"假囊"。

包囊：或称组织囊。见于慢性病例的脑、骨骼肌、心肌和视网膜等处。包囊呈卵圆形，有较厚的囊膜，囊中的虫称为慢殖子，数目可由数十个至数千个。包囊的直径为 50～60 微米，可在患者体内长期存在，并随虫体的繁殖而逐渐增大，可大至 100 微米。包囊在某些情况下可破裂，虫体从包囊中逸出后进入新的细胞内繁殖，再度形成新的包囊。在机体内脑组织的包囊数可占包囊总数的 57.8%～86.4%。

卵囊：见于猫科动物（家猫、野猫以及某些野生猫科动物）。卵囊呈椭圆形，大小为（11～14）微米×（7～11）微米。孢子化后每个卵囊内有2个孢子囊，大小为3～7微米，每个孢子囊内有4个子孢子，子孢子一端尖，一端钝，其胞浆内含暗蓝色的核，靠近钝端。

裂殖体：成熟的裂殖体呈圆形，直径为12～15微米，内有4～20个裂殖子。

裂殖子：游离的裂殖子大小为（7～10）微米×（2.5～3.5）微米，前端尖，后端钝圆，核呈卵圆形，常位于后端。裂殖子进入另一细胞内重新进行裂殖生殖，经过数代培殖后的裂殖子就变成配子体，配子体有大小两种，大配子体的核致密，较小，含有着色明显的颗粒，小配子体色淡，核疏松，后期分裂形成许多小配子，每个小配子有1对鞭毛。大小配子结合形成合子，由合子形成卵囊。

弓形虫的整个发育过程需要两个宿主，在中间宿主（哺乳类、鸟类等，包括兔）体内进行肠外期发育，在终末宿主（猫科中的猫属和山猫属）进行肠内期（球虫型）发育。猫吞食了弓形虫的包囊或卵囊，子孢子或速殖子和慢殖子侵入小肠的上皮细胞内进行球虫型的发育和繁殖。开始时通过裂体增殖产生大量的裂殖子，经过数代裂殖生殖后，部分裂殖子转化为配子体、大配子和小配子，大配子和小配子结合形成合子，最后产生卵囊。卵囊随猫的粪便排出体外，在适宜的环境条件下，经2～4天，发育为感染性卵囊。

在外界成熟的孢子化卵囊通过污染食物和水源而被中间宿主猫或作为中间宿主的兔吞食或饮进体内，弓形虫的卵囊通过口、鼻、咽、呼吸道黏膜、眼结膜和皮肤侵入中间宿主体内，在肠内逸出子孢子，侵入血液，钻入各种细胞进行无性繁殖。如果感染的虫株毒力很强，而且宿主又未能产生足够的免疫力，或者还由于其他因素的作用，即可引起弓形虫病的急性发作，反之，如果虫株的毒力弱，宿主又能很快产生免疫力，则弓形虫的繁殖受阻，疾病发作得较缓慢，或者成为无症状的隐性感染，这样，存留的虫体就会在宿主的一些脏器组织（尤其是脑组织）中形成包囊型虫体。

（1）症状　兔弓形虫病的急性症状为病兔精神沉郁，突然废食，体温升高，呼吸急促，眼内出现浆液性或脓性分泌物，流清鼻涕，嗜睡，发病后数日出现惊厥等神经症状。有些病兔发生后肢麻痹，病程2～8天，最后死亡。慢性病例的病程则较长，病兔表现为厌食，逐渐消瘦，贫血。随着病程的发展，病兔可出现后肢麻痹，有的病兔死亡，但多数病兔可耐过，可以康复。

（2）剖检　急性病例出现全身性病变，淋巴结、肝、肺和心脏等器官肿大，并有许多出血点和坏死灶。肠道重度充血，肠黏膜上常可见到扁豆大小的坏死灶。肠腔和腹腔内有大量渗出液，病理组织学变化为网状内皮细胞和血管结缔组织细胞坏死，有时有肿胀细胞的浸润，弓形虫的滋养体位于细胞内或细胞外。急性病变主要见于幼兔。

慢性病例可见各内脏器官的水肿，并有潜在的坏死灶。病理组织学变化为明显的网状内皮细胞的增生，淋巴结、肾、肝和中枢神经系统等处更为显著，但不易见到虫体。慢性病变常见于老龄兔。

隐性感染的病理变化主要是在中枢神经系统内有包囊，有时可见神经胶质增生性和肉芽肿性脑炎。

（3）诊断　根据弓形虫病的流行病学和临床症状、剖检病变可做出初步诊断。确诊必须在实验室将病兔的肺、肝、淋巴结等组织作成涂片，用姬姆萨氏或瑞氏法染色，检查有无滋养体，诊断检查出病原体或特异性抗体可以确诊。

（4）防治方法

① 预防。已知弓形虫是由于摄入猫粪便中的卵囊而遭受感染的，因此，在兔舍内应严禁养猫，并防止猫进入兔舍，严防兔的草料及饮水被猫粪污染。发现病兔应隔离治疗。病死兔尸体要进行深埋或焚毁。对病兔的场舍用 1％来苏儿液或 3％烧碱液进行消毒。

② 治疗。对于本病的治疗在发病初期及时用磺胺类药物，如磺胺嘧啶、磺胺六甲氧嘧啶、磺胺甲氧吡嗪、甲氧苄胺嘧啶和敌菌净对弓形虫病有效，如与增效剂联合应用疗效更好。如用药较晚，虽可使临床症状消失，但不能抑制虫体进入组织形成包囊，结果使病兔成为带虫者。

6. 疥螨病

疥螨病又称疥癣病，俗称"生癞"，是兔疥螨寄生于皮肤的一种外寄生虫病。该病具有高度侵袭性，发病后患部剧痒、兔体消瘦、皮肤结痂和脱毛。家兔疥螨病是高度接触性感染，也可通过兔饲槽、笼舍、用具及饲养人员传播。兔舍阳光不足、阴湿拥挤，兔体营养不良时更易促使本病发生。疥螨病依其发生部位不同，较为常见的有耳螨和脚螨。兔螨的发育过程分为虫卵、幼虫、稚虫和成虫 4 个阶段。秋冬季是疥螨病的流行季节，幼兔比成年兔患病严重。

（1）症状　以剧痒、脱毛和结痂为主要特征。临床上分为身癣和耳癣两种类型。身癣是由疥螨引起的，一般从鼻端或脚爪开始，可蔓延至全身。患部皮肤先出现红肿充血，局部脱毛，进而出现丘疹小泡，破裂后形成白色粗糙的痂皮。螨虫在皮肤内潜行、打洞，病兔奇痒难忍、骚乱不安而引起食欲减退、消瘦，严重者死亡。耳癣由痒螨引起，一般先从耳根开始，再扩大到整个耳朵。痒螨引起外耳道炎，渗出物干涸后形成黄色痂皮塞满耳道。

（2）防治方法

① 预防。加强饲养管理，保持兔的笼舍、用具清洁卫生，定期消毒，干燥、通风、透光。定期或不定期对兔进行检查，每季度可用 10％～20％生石灰水或 5％克辽林消毒。

② 治疗。用 2％敌百虫溶液擦洗患部，隔天 1 次；取新鲜仙人掌削除刺，切成小块，微火焙黄，研成细末，再用凡士林调成糊状，用温水把兔患处清洗干净，涂上仙人掌糊膏并用力揉搓，每天 1 次；用葎草（俗称拉拉秧）15 克，苍耳、苏叶各 10 克，水煎，热洗患部；醋烟煎汁，用食醋 500 毫升、烟叶 50 克混煮 10～15 分钟涂擦患部。

7. 兔虱病

本病是由大腹兔虱寄生于兔体表所引起的一种外寄生虫病。舍饲家兔虱病一般为兔嗜血虱，成虫长 1.2～1.5 毫米，背腹扁平，灰黑色，有 3 对粗短的足。雌虱产的圆筒形的卵黏着在兔毛的基部，经 8～10 天孵化出幼虫。幼虫在 2～3 周内经 3 次蜕皮发育为成虫。雌虫交配后 1～2 日开始产卵，可持续产卵 40 天。兔虱以吸血为食。兔在冬季毛长而密，适于虱的生长繁殖，兔最易感染本病。

（1）症状　虱以吸血为食，1 只虱每日可吸血 0.2～0.6 毫升，大量寄生时可引起兔贫血、消瘦，幼兔发育不良。同时在吸血时，虱可分泌带有毒素的唾液，刺激皮肤的神经末梢，引起瘙痒、不安，影响兔休息与采食。病兔用嘴啃咬、爪搔或擦痒造成皮肤损伤和炎性液体溢出形成硬痂。患部被毛脱落、皮屑增多。皮肤有时可继发细菌感染，引发化脓性皮炎，病情严重时病兔出现不爱吃食，消瘦，并降低毛皮质量，其危害十分严重。

（2）诊断　诊断比较容易，兔有瘙痒症状，检查体表找到虱或虱卵即可确诊。

（3）防治方法

① 预防。兔舍要保持清洁卫生和干燥。引兔时务必隔离观察，防止将虱病引入兔场。定期检查，发现病兔立即隔离治疗。兔舍、笼具等用热水烫洗，或用 2％敌百虫溶液洒在兔体表有虱部位，2 小时左右可杀死兔虱。

② 治疗。

a. 验方。用烟叶 1 份、水 10 份煮成汁，候温，涂擦兔体有虱处，间隔 1 天，再涂擦 1 次；鲜桃树叶捣烂擦兔体患处；棉籽油 10 毫升、硫黄 1 克涂擦患处。

b. 用 1％敌百虫溶液涂擦患处。

c. 中草药疗法。百部 1 份、清水 7 份，煎煮 30 分钟，制成百部水，涂擦患处。

d. 药物疗法。由有机磷化合物辛硫磷及杀虫菊酯等杀死兔虱。

（三） 长毛兔常见普通病

1. 乳房炎

家兔乳房炎是产仔母兔最常见的疾病，多发生于产仔1周左右。常因母兔怀孕期间营养过剩、产仔后乳汁过多过稠、乳房不清洁、哺乳仔兔少、缺乏饮水及乳房外伤等，引起细菌感染而发生。家兔乳房炎大致分为普通乳房炎、乳腺炎和败血型乳房炎三种类型，其防治方法分别如下。

（1）普通乳房炎　乳房出现红肿，乳头发黑发干，皮肤有热感，轻者仍能正常给仔兔喂乳，但哺乳时间较短。防治方法：初起时，应将乳汁挤出，用温水将乳头、乳房洗净，然后将木工用的水胶炒糊压成粉末，并加入食醋，搅和成糊状，均匀地涂抹在乳房患处，每天涂抹1次，2天便可痊愈。

（2）乳腺炎　乳腺炎是化脓菌侵入乳腺所致。初期乳房皮肤正常；不久，可在乳房周围皮肤下摸到山楂大小的硬块；后期乳房皮肤发黑，形成脓肿；最后，脓肿破裂，脓液流出，也可提前用手将脓液挤出。防治方法：初期，可局部冷敷；中后期可用热毛巾热敷，并用80万单位的青霉素、痢菌净10毫升注射液或地塞米松磷酸钠1毫升，分2次做肌内注射，每天早、晚各1次，连续注射3日，可痊愈。

（3）败血型乳房炎　患病初期，乳房红肿，而后紫红发黑，并迅速延伸到整个腹部；病兔精神沉郁，体温升高，不食也不活动，一般发病4～6天内死亡。这是家兔乳房炎中病症最严重、死亡率最高的一种。防治方法：可局部注射封闭针，用鱼石脂软膏涂抹，严重时可切开脓包，排出脓血。切口要用消毒纱布擦净，并撒上消炎粉，预防感染。全身治疗可注射抗生素，或喂服磺胺类药物。

2. 感冒

感冒，又称伤风，兔感冒是由寒冷刺激引起的以发热和上呼吸道黏膜表层炎症为主的一种急性全身性疾病。本病是家兔的常发病，不及时治疗，常可引起支气管肺炎。

（1）病因　多由寒冷、天气突变、遭受雨淋或剪毛后受寒等原因引起。

（2）症状　主要症状是体温升高，达 40～41℃，流水样鼻液，有轻度的咳嗽及打喷嚏，同时还有结膜潮红，有时有结膜炎且流泪，皮温不整，四肢末端及耳鼻发凉等症状，病兔精神沉郁，食欲减退，喜卧少动。

（3）诊断　根据有受寒和天气突变的病史，突然发病而发热流涕等症状可以做出初步诊断，在排除了肺炎及传染性疾病后，可以确定为本病。

（4）防治　治疗原则是解热镇痛，防止继发感染。安痛定注射液，每次 1 毫升，皮下或肌内注射，每日 2 次，或安乃近注射液，每次 1 毫升，肌内注射，每日 2 次。防止继发感染可肌内注射青霉素 20 万～40 万单位，或肌内注射链霉素 0.25～0.50 克；或肌内注射病毒灵注射液 2～3 毫升；也可应用磺胺类药物及其他抗菌药物。同时应加强护理。

预防主要是加强防寒保暖，保持兔舍干爽、清洁、通风良好。

3. 中暑

在炎热的夏季，当气温长时间超过 33℃ 时人要是经常在外暴晒都容易中暑，何况是小小的兔子，尤其是在露天饲养或者是受到阳光强烈照射的时候，环境闷热潮湿，不通风透气时，就容易导致兔子中暑。

（1）症状　中暑的兔子会出现流涎、软瘫、眼球突出、四肢无力、抽搐的症状。同时，中暑的兔子精神变得萎靡，食欲下降甚至拒食，呼吸加快，身体温度提高，走路摇摆不定。中暑情况严重的兔子，呼吸会变得高度困难，视黏膜发绀，口鼻呈青紫色。有的兔子会从口鼻中流出血样泡沫。最后可能出现四肢痉挛性抽搐，或兴奋不安，导致虚脱昏迷致死。

（2）治疗　在兔子出现中暑症状的时候，一定要足够重视，并且及时处理。首先，要将兔子转移到通风透气，阴凉舒适的地方，然后用凉水冷敷兔子的额头。或者在兔尾尖、脚趾处针刺、放血，然后迅速灌服藿香正气水 2 毫升，幼兔服用的分量需要减半，以温水灌服。

在处理的过程中，需要注意抢救的动作一定要快。在成功挽救中暑兔子生命之后，还要准备大量的饮水给它使用，可以让其自由饮下。同时，要保持环境的清凉舒适，避免再次中暑。

4. 兔便秘

（1）病因　兔便秘的原因主要有以下几方面。一是粗、精饲料搭配不当，精饲料多，青饲料少，或长期饲喂干饲料，饮水不足，均可引发本病。二是饲料中混有泥沙、被毛等异物，致使形成大的粪便块而发生本病。三是运动不足，排便习惯紊乱所致。四是继发于排便带痛性疾病，如肛窦炎、肛门炎、肛门脓肿、肛瘘等，或是排便姿势异常的疾病，如骨盆骨折、髋关节脱臼，以及热性病、胃肠弛缓等全身疾病的过程中。

（2）症状　病兔食欲减退或废绝，肠音减弱或消失，精神不振，不爱活动，初期排出的粪球小而坚硬，排便次数减少，间隔时间延长，数日不排便，甚至排便停止。有的病兔频做排便姿势，但无粪便排出。病兔出现腹胀，起卧不宁，回头顾腹等腹部不适表现。触诊腹部有痛感，且可摸到有坚硬的粪块。肛门指检过敏，直肠内蓄有干硬粪块。病兔口舌干燥，结膜潮红，食欲废绝。除继发于某些热性病外，体温一般不升高。剖检时发现肠管内积有干硬粪球，前部肠管积气。

（3）防治　治疗原则是疏通肠道，促进排便。

① 病兔禁食 1～2 天，勤给饮水。

② 可轻轻按摩腹部，既有软化粪便作用，又能刺激肠蠕动，加速粪便排出。或用温皂水，或用 2％碳酸氢钠灌肠，软化粪便，加速粪便排出。

③ 药物疗法。用山乌柏根 10 克，水煎内服；或多酶片 2～4 片研末加适量蜂蜜兑水，调匀，1 次灌服，每天 2 次，连用 2～3 天。或用 10％鱼石脂溶液 5～8 毫升，或 5％乳酸液 3～5 毫升，内服；或用芒硝、大黄、枳实各 3 克，厚朴 1 克，煎汁内服；或用开塞露 1 支，剪开后插入肛门 4 厘米左右，挤出药液，结合口服大黄苏打片 4 片，饮水加补液盐，每天 1 次，连用 2 天。或用菜油或花生油 25 毫升，蜂蜜 10 毫升，水适量，内服；也可用植物油或流体石蜡等润滑剂灌肠排便；或取神曲 20～50 克压碎，放入 200～500 毫升温水中，浸泡 1～

2 小时，滤渣后灌服，成年兔 30～50 毫升，仔、幼兔酌减，一般用药 1 次即愈。或取蜂蜜 15 毫升，生大黄粉 3 克，每只兔 1 次服 5 毫升，每天 3 次，但孕兔禁用。病重兔应强心补液，以增强机体抵抗力。病轻后要加强护理，多喂多汁易消化饲料，使食量逐渐增加。

本病的预防要点是夏季要有足够的青绿饲料；冬季喂干粗饲料时，应保证充足、清洁的饮水；保持兔笼干净，经常除去被毛等污物；保持兔适当的运动，保证胃肠蠕动；喂养定时定量，防止饥饱不均，以减少本病发生。

5. 兔腹泻

兔腹泻是造成养兔业经济损失的重要因素之一，本病一年四季均可发生，尤以春冬季节易发。家兔腹泻病是兔的一种常见病和多发病。随着养兔业的发展，给饲养场带来严重的经济损失。现在已经弄清楚的引起家兔腹泻的原因有两大类，一类是传染性原因，另一类是非传染性的。传染性的有兔魏氏梭菌下痢、兔副伤寒、泰泽氏病、大肠杆菌病等。非传染性的有运输、关禁、天气骤然变化、纤维素、高能饲料、饲养条件改变。分娩、哺乳及断奶都是导致兔发生腹泻的应激因素。

（1）预防　平时加强饲养管理，防治兔腹泻主要从饲养管理入手。第一，饲料配方要科学，根据生长阶段科学配制饲料，特别是粗纤维的含量不宜过低，应保持在12％为宜。有些养殖户为了提高兔的生长速度，大量饲喂高蛋白饲料，而粗纤维含量过低，导致了兔腹泻。第二，更换饲料时要循序渐进，以减轻因更换饲料而产生的应激。第三，饮水要清洁，特别是冬季和初春季节不能给兔子喝带冰碴的水。水槽也要勤刷洗，定期消毒。第四，环境与卫生，主要做好防潮保温，兔子喜欢生活在温暖干燥的环境中，阴冷潮湿会造成兔胃肠消化机能降低从而发生肠炎腹泻，所以防潮保温很关键。兔舍内的粪便最好每天清扫，防止兔舍潮湿。冬季，选择中午天气晴暖的时候通风，保持兔舍内空气新鲜，同时兔舍要定期消毒。

（2）治疗　治疗兔腹泻要"因病施治"。由球虫引发的腹泻可以选用复方磺胺间甲氧嘧啶钠粉，口服，1千克体重20～25毫克，每日2次，连喂3～5天。由大肠杆菌引发的腹泻可选用硫酸黏菌素可溶性粉拌料，100克拌料100～150千克，连用3～5天。由魏氏梭菌引发的腹泻可选用痢司林注射液，1千克体重0.08～0.01毫升，每日1次，连用3天。沙门杆菌病引起的家兔传染性腹泻可选用土霉素治疗，每千克体重1～2毫升，肌内注射，每天2次，连用4天，同时，在饲料中按常规量混入土霉素全群饲喂1周后，部分病兔痊愈，病情得到控制。泰泽氏病引起的腹泻以6～12周龄的兔发病最为常见。未发病兔群用土霉素拌料，连用5天，病兔开始用丁胺每只4万单位，肌内注射，1天1次，连用3天，病情轻的很快得到控制。

6. 毛球阻塞

毛球阻塞是家兔特有的疾病。本病的发生是家兔采食兔毛或饲料中混有兔毛或难消化的植物长纤维所致。这些物质在消化道内形成球状物，阻塞胃肠道，造成消化障碍。

（1）病因　家兔食毛的原因如下。饲料纤维物质含量过低；饲料缺乏某些氨基酸、维生素或缺乏钠、钙、钴、铜、锰、铁、硫等矿物质，使家兔形成异食癖；兔毛特别是长毛兔的绒毛易于脱落，散落在饲料、水槽和垫草中，因没有及时清理而易被兔吞食；兔笼狭小，兔长期挤在一起，也会互相吞食兔毛。

（2）症状　主要症状是食欲不振，常咬食自身或同笼兔的毛，好伏卧，喜饮水，大便秘结，粪内夹有兔毛，腹部膨大，甚至因消化道严重阻塞而死亡。用手触摸其腹部，可摸到硬块状物，有2～3个或4～5个，似蚕豆大或更大的丝团样物。

（3）防治　预防方面主要是改善兔的饲养管理工作，食槽和水槽要每日清理，兔笼应经常打扫。补充维生素、矿物质及蛋白质饲料。发现有异食癖可灌服蓖麻油或豆油15～20毫升，以通粪便，使毛球排出，同时应改变饲料，供给富含纤维素的青、粗饲料。另外，根据具体情况补饲相应的维生素、含硫氨基酸和无机盐饲料。

治疗可采用以下方法。

① 液体石蜡12毫升，内服，日服3次。

② 花生油、菜籽油、豆油及蓖麻油任取一种，15毫升，内服，每日2～3次，连服1～2天。

③ 大乘气汤，即大黄6克、芒硝6克、枳实5克、厚朴7克，加适量水，煮开后微火煎20～30分钟，为1只兔的1日剂量，分2次内服，连服两天。

④ 用手轻轻按摩病兔腹部，有助于毛球排出。

⑤ 毛球排出后，如病兔食欲不佳，可内服大黄苏打片1片或龙胆苏打片1片。

第十一章 长毛兔产品加工技术

一、 兔毛采收与储存

兔毛的价值很高。兔毛纤维细柔、轻软、蓬松，保暖性能好，可以制作各种内衣、登山服、呢绒、毛线、编织成兔毛衫、围巾等，深受国内外消费者青睐。

长毛兔的主要用途是采毛。合理地采毛，能促进兔毛的产量和质量。首先，要选择最好的采毛时间。良种长毛兔生长75天，毛长达4.6厘米以上，这时采毛最适宜。兔毛一年四季均可生产，冬春季产的兔毛纤维较长，品质最好。夏秋季产的兔毛纤维较短，品质较差。采毛最好在晴暖天气时进行。在采毛以前的半个月，要加强饲养管理，多喂一些麦麸或豆饼等精饲料，使兔毛油润光亮。

（一） 兔毛的采收方法

长毛兔采毛方法有梳毛和采毛两种。

1. 梳毛

兔毛容易结毡，应经常梳理，否则就丧失纺织的价值，影响售价。为了把兔毛疏通，不使其缠结，一般每周应梳 1 次。梳毛可在桌上或膝上进行，最好垫上麻布或塑料布，以免兔滑脚。采用黄杨木梳，梳前应将指甲剪短，手洗净。梳子分疏密两种，用疏者先梳，梳透后再用密梳。梳毛手势为顺插顺梳，两肩及尾根最易结毡处，留意多梳梳，不可强行将毛拉下。梳毛步骤：先梳颈后部，将兔平放，握住两耳，梳颈及两肩，然后梳背部；梳肩部，再将兔腰部提起，两前脚着地，梳臀部及尾根两侧和后腿；再提起两耳让兔头抬高，使兔坐立起来，梳颈部、前胸和两前肢。然后提起颈皮使兔两后脚尖着地，梳腹下腹部及大腿内侧和脚毛，最后将兔平放，梳额毛、颊毛、耳毛。梳理头部毛，遇到结块毛团，先用手慢慢撕开，再细心梳理。幼兔断奶后即可开始梳毛。经常给兔梳毛，使兔养成习惯，以免给兔采毛时兔惊恐不安。梳下的毛应按级别单独存放。

2. 采毛

采毛方法分两种。仔兔生后 50～60 天胎毛采毛应剪取，以后 70～85 天可采毛 1 次，年采毛 3～4 次。采毛前 2 周应适当加喂精料，使兔体健壮，兔毛光滑油润。

（1）拔毛　拔毛又名拉毛。拔毛方法分为两种。一是拔长留短，拔毛时只拔掉长毛，较短的毛留在兔体上，有利于提高兔毛质量，也利于兔御寒防病。一般 30～40 天拔 1 次为宜。原则上拔长毛留短毛，每次只拔全身毛的 1/3。兔出生后 80 天左右第 2 次采毛，可采用拔光毛的方法，把兔体除头、尾、腿以外的长短毛全部拔光。这种方法的好处是出毛整齐，没有缠结，还可增强兔体皮肤的抵抗力，减少皮肤病。拔毛用左手将兔固定在桌上，拔毛时，先梳理好，再用右手的食、拇两指拣取上层较长且成熟易脱的毛以及比较浓密的毛，紧控住其毛尖，顺着皮肤平面的垂直方向拔下长毛。一般40天进行1次为宜。拔下的毛按等级存放。皮肤嫩的幼兔、怀孕母兔、哺乳母兔以及配种期公兔都不适合用拔毛的方法。

（2）剪毛　剪毛是用剪刀把兔身上的毛全部剪下来，一般80天剪1次为宜。剪1只兔一般要5～10分钟，对幼兔、怀孕前期的兔、哺乳兔和配种期公兔都无不良影响。剪毛前准备好理发用的剪刀。可用中号的理发剪或家用裁衣剪，把周身兔毛不管长短全部齐根剪下。一般的剪毛程序是先用左手抓住颈皮及两耳，使兔仰卧桌上，剪毛时一手将兔的皮肤绷紧，一手握剪刀先剪背部，再剪左右两侧和头部、臀部，最后剪取腹部和四肢内侧的毛，自后向前剪，逆毛一行行地剪，剪时要加以小心，不可剪掉母兔的奶头，或剪破公兔的阴囊。然后用两手剪尾毛，修短如绒球，再用两手修前足，但不要修脚后跟的毛，以防发生脚皮炎。

待兔全身毛剪净后，把不平整的地方再略加修整，并用毛刷刷去周身的碎毛，剪毛即完毕。需要记下这次的剪毛量和剪毛日期。下次剪毛，应相隔95天。

剪毛注意事项：紧绷皮肤来剪，防止连毛带皮一起剪下。剪刀张口宜小，缓慢进行，但可摆平刀口剪，剪后平整，且可避免剪破。如果剪刀张口大了，远处的毛就不能齐根，剪后毛若形状像波浪，再剪两刀修整，不但降低工效，而且长毛被剪断了，影响质量。在采毛过程中无论是拔毛还是剪毛都应按长短优劣不同等级将兔毛分开，并除去污物杂质，再按不同等级装入用化纤类（最好是涤纶）织成的口袋内，放入钻有孔的干燥纸箱和木箱中，以便于出售时鉴别品质。

（二）兔毛的储存方法

兔毛现剪现卖，品质好，经济效益高。如果有某些原因暂时不能出售，需要保管一段时间时，应注意以下几点。

（1）储存兔毛的方法　通常储存兔毛的方法有袋储、箱储、缸储、橱储4种。

①袋储。将兔毛装在布袋内，并在袋内放几个樟脑丸袋，挂在通风干燥处，让其自然散湿。

②箱储。选择干燥的木箱或纸箱，箱底铺1层白色油光纸，四角及中央各放一个装有樟脑丸的纱布袋，然后装兔毛至20厘米厚时，轻轻压一下，同时在箱内选四点各放1个装有樟脑丸的纱布袋。以后每装20厘米厚就轻压一下，并放上几个樟脑丸。箱子装满后，上面再放几个樟脑丸袋，即可合上箱盖保存，放置在离地60厘米的通风干燥处。每隔半月左右选晴天开箱盖（阴雨天不能开）通气2～3小时。若发现兔毛潮湿、霉变，应将毛取出先晒1～2小时，再晾4～5小时，待兔毛晾干后，再装入箱内储存。

③缸储。选清洁干燥的缸（放过咸货的不能用），缸底先放一层石灰块，再放一块3厘米厚的接近缸底大的圆形木板或清洁干燥的马粪纸，再铺一张洁白的纸，纸的四周和中央放上樟脑丸袋，然后将兔毛按箱储方法装缸，装满后上面铺一块干

净纱布，布上再放几个樟脑丸袋，即可加盖保存。储存期同箱储一样，应每半月检查一下。

④ 橱储。用橱柜储存，选用干燥被絮在橱内打底，上面铺白纸或被单，四周和中央放上樟脑丸袋，再将分好等级的兔毛层层装入橱内，每放 1 层兔毛，就均匀放上几个樟脑丸，兔毛放满后，闭门保存。同其他储存方法一样，应每隔半月左右检查 1 次，发现异常现象及时处理。

（2）防潮湿　兔毛为鳞片层结构，纤维表面有许多孔，特别是兔毛的化学成分中，含有亲水游离极性基团，增加了兔毛的吸湿性。由于兔毛吸湿性强，一旦受潮便会黏结成块，发黄变质，所以梅季须特别注意防潮。采毛兔体表要清洁干燥，并选择晴天剪毛；采下的毛应装进预先备好的干燥纸箱内（内垫防潮纸），不要重压，也不要多翻动，以免黏结；盛兔毛的箱或麻袋应放在或挂在干燥阴凉通风处，每隔 1 周检查 1 次，一般可保管 4～6 个月。

（3）防高温　兔毛长时间在高温下会失去水分，使兔毛纤维变粗糙，强度减小，并分解产生氨和硫化氢而变成黄色。因此，兔毛宜存放在通风和阴凉的地方，切勿放在太阳下暴晒。

（4）防污染　梅雨季节应注意笼舍、食具、饲料的清洁消毒，保持兔身清洁。盛放兔毛的工具和场地应避免与煤油、煤炉接触，特别要严禁与碱性物质接触，因碱对兔毛有较大的破坏作用，导致纤维颜色发黄，强度下降，发脆发硬，光泽暗淡。盛兔毛的纸箱应盖好，为防老鼠做窝，可每天在箱外敲几次。存放处不可太阴湿，发现虫蚀应立即剔除蛀毛。兔毛保存期不宜太长（一般以半年内为宜），养兔户应抓紧兔毛的市场行情，伺机出售；如一时难以销完应储新售陈。

（5）防虫蛀　保存时间较长时，兔毛包装箱或袋内要放置装有樟脑球的纱布袋。切不可让樟脑球直接与兔毛混合接触，以免兔毛发黄并失去光泽。

二、兔毛及其品质鉴别

（一）兔毛的品质鉴别

鉴别兔毛品质以纤维长、松散不结块，颜色洁白、不含杂质为佳品。兔毛的品质指标可概括为四个字，即长、松、白、净。

（1）长　指兔毛的自然长度。兔毛要有一定的长度才能达到毛纺的使用目的。

兔毛越长，使用价值越高，所以收购兔毛时要按长度分级。特级毛长 1.7 寸（1 寸＝3.33 厘米）以上，一级毛长 1.4 寸以上，二级毛长 1.1 寸以上，三级毛长 0.75 寸以上，不足 0.75 寸的为等外毛。

（2）松　指兔毛的自然蓬松度（不是人为加工后的蓬松）。有些将缠结毛经弹花器或人工撕开，人为加工成蓬松毛以次充好。这种人为加工的蓬松兔毛，毛型混乱，毛纤维片层已受损伤，经保管、存放、运输过程中挤、压、摩擦又易重新缠结。所以收购兔毛时要求特、一级毛不准带有缠结毛，毛型要清晰（剪毛有明显的剪口，拔毛成束状型），二、三级毛略带或带能撕开不损伤毛质的缠结毛。兔毛的缠结分三种情况：严重者，指兔毛已缠结成毡块，也称毡块毛、死结毛，这种缠结毛不能进入等内；较重者，指兔毛已缠结，但较松软（即能撕开），也称活结块，这种缠结毛好的可进入三级毛，次的为等外毛；轻微者，指兔毛有轻微缠结，但未成块，也称松结毛，这种毛可以入二级。

（3）白　指兔毛为纯白色，不是纯白色的称为异色毛（指黄白、灰白色）。异色毛一般不能进入等内毛（毛峰略带点黄色不算，但黄色不能进入绒毛），因兔毛不经任何加工洗涤，直接进行毛纺，色泽的好坏直接关系使用价值的高低，所以长毛兔要求笼养，不宜散放就是这个道理。

（4）净　指是纯兔毛，不允许带有其他杂质（如草梗、麻丝、其他毛类等），要求剔选干净。对掺杂作假的（掺有棉花、人造纤维、白色粉状物质），一律不应收购，并交工商部门处理。

（二）兔毛掺假的鉴别

兔毛的价值较高，收购时一定要防止掺杂作假。目前发现有的在兔毛内掺入其他纤维（如棉花、再生纤维）和白色粉状物质（如滑石粉、白泥粉、白粉等）。掺杂作假的目的都是为了增加重量。

1. 兔毛与棉花的鉴别

精制过的棉花（指药棉）掺入兔毛内混合后，因颜色相同不易识别，可通过以下方法鉴别。

① 目测手感鉴别法。棉花的光泽发暗，无毛峰，无底绒，无弯曲，手感弹性弱，涩手，兔毛光亮透明，有毛峰，有底线，弯曲，手感弹性强，滑手。

② 染色鉴别法。棉花是植物纤维，兔毛是动物纤维，它

们的染色性质不一致，用同一性质的颜色染色后，兔毛与棉花的着色率是不一样的，如用红墨水（不含酸）将兔毛和棉花浸泡染色后，放在清水中漂洗，可发现棉花被染成红色，兔毛不能被染色。

③ 火烧鉴别法，棉花见火易燃烧，灼烧时没有臭味，灰呈灰白色，并不黏结在一起；兔毛见火不易燃烧，灼烧时有臭味，灰呈黑色，并黏结在一起。

2. 兔毛与再生纤维的鉴别

再生纤维不成束状型，无毛峰，无底绒，无弯曲，单根纤维上下粗细均匀；兔毛成束状型，有毛峰，有底绒，弯曲，单根纤维上细下粗。

凡是在兔毛中掺入其他纤维，就一定会使兔毛的毛型混乱。所以在收购中，发现毛型不清晰，看不见剪口或不成束状型者，应特别注意。

3. 兔毛内掺有白色粉状物质的鉴别

可以采用手抖过案的方法，如手抖兔毛，抖出大量的白色粉末，证明掺有白色粉状物质，严重者不应收购。

（三） 兔毛的分级定等

兔毛属高档商品，价格较高，各等级差异幅度较大，掌握不准必然造成压级压价或提级提价，对国家、生产者都不利。所以正确掌握兔毛的分级定等是十分重要的。

1. 兔毛的分级定等方法

兔毛的分级，可以采取一看、二抖、三拉、四剔、五定的方法。

一看：主要指目测，目测兔毛的品质指标（长、松、白、净）是否达到要求，毛型是否清晰（是否有剪口或呈束状型），是否有杂质或掺假。看毛的颜色、蓬松度，目测此批毛的主体毛符合什么等级要求。

二抖：主要指手感，用手将毛抖松，用手体验兔毛是否干燥，有无缠结毛和其他伤残的残次毛，是否掺有白色粉状物质。

三拉：主要将毛拉松，确定缠结毛缠结的程度，是符合什么性质的缠结毛。将有代表此批毛长度的毛束拉出一支进行具体确定或进行比量（量毛时除去虚尖），确定出主体毛的长度。

四剔：主要剔出杂质、异色毛、各种伤残的残次毛，以及不符本等要求的缠结毛和不符本等长度的跳档毛。

五定：通过以上方法，再结合收购规格的具体规定，合理定等。

2. 对各等级兔毛的要求

特级毛：除长度达到 6.35 厘米、粗毛含量不超过 10% 外，还要求纯白色，自然全松，无缠结，毛型清晰，主体毛含量达到 75% 以上，可带部分一级毛。因为特级毛的价格不是按特级毛的等级比差计价（低于 15% 的价），但不能带跳档毛（二、三级毛），品质权数不低于 130%。

一级毛：除长度达到 5.08 厘米以上、粗毛含量不超过 10% 外，还要求纯白色，自然全松毛，无缠结，无杂质，毛型清晰，主体毛含量不低于 70%，可带部分特、二级毛，品质权数不低于 92%。

二级毛：除长度达到 3.81 厘米以上、粗毛含量不超过

20%外，还要求颜色纯白，略有能撕开但不损伤毛品质的缠结毛，主体毛含量不低于70%，可带部分一、三级毛，品质权数不低于74%。

三级毛：除长度达到2.54厘米以上、粗毛含量不超过20%外，还要求颜色纯白，可有易撕开但不损伤毛质的缠结毛，主体毛（0.75寸以上）含量不低于70%，可带部分二、次级毛，但严重的缠结毛（黏块毛、死结块毛）不能进入三级毛，品质权数不低于46%。

等外毛：长度在2.54厘米以下的白色缠结毛、全粗毛和有虫蛀的毛。

三、 兔毛皮剥制与保管

（一） 兔毛皮取皮时间

家兔的毛皮被毛浓密，质地轻软，可制成衣物，尤其是长毛兔皮不仅保暖御寒性能好，美观而且皮质柔韧，可加工鞣制做成各种皮质衣物。

长毛兔适宜取皮时期，要适龄适宜季节取皮，一般在进入青年兔阶段，长毛兔发育成熟期皮毛光泽、美观，适时体重出栏取皮，根据长毛兔生长规律及皮毛质量测定，脱毛期取皮约4～5月龄，体重达到2.5～3千克为宜，家兔每年脱换2次毛绒，属于毛被中期成熟动物，不同季节兔的毛皮质量差别较大。健康、换毛期已过，最好是在冬季，皮毛长齐即可宰杀取皮。切忌在换毛期取皮，或病兔取皮，以便于保证兔皮质量。如果取皮时其年龄过小皮毛尚未丰满，或其年龄过大，皮毛品质粗糙，都会降低皮毛使用价值。对于成年兔或淘汰种兔，屠宰取皮适宜时期为皮毛品质最佳的冬季。

（二）处死方法

取长毛兔皮一定不可用宰杀肉用兔形成的方法。为了保证长毛兔的毛皮少受损，应采用先处死、后剥皮、皮肉分离后再放血的新工序。小规模宰杀长毛兔可用颈部移位法，左手用力握住其颈部，右手托其下颌往后扭动，因颈椎脱位而死亡。处死少量饲养长毛兔简便而有效的方法如下。

棒击法：即左手将兔子后脚擒起，然后用圆木棒猛击一下兔两耳根之间后方的延脑部位使其致死。

电麻法：用电压 40～70 伏、电流 0.75 安的电麻器在兔耳根让其触电致死。

灌醋法：兔对食用醋非常敏感，从口腔灌入食醋后，兔即呼吸困难，心脏衰弱，麻痹，血压下降，口吐白沫死亡。

注空气法：向兔的耳缘静脉或心脏注射空气，一般注射5～10 毫升后很快就会形成血栓、死亡。

（三）原料皮的初步加工

长毛兔生皮出口，要求去头、去尾、去上肢，剥制成"毛朝里，皮朝外"的扁型筒式标准撑板皮。其程序是将兔的右脚用绳拴起，倒挂在柱子上；截去上肢（从非关节处截断）和尾巴；用利刀自后肢关节处，沿两后肢内侧、阴部上方的直线挑开；将四周毛皮向外翻转，用退套法，一人用双手护住兔的腹背，另一人将整张兔皮筒状拉下，到耳根处再将头面皮割断，即成毛面朝内的圆筒皮（图 11-1）。

鲜筒皮在清除血污、粪便及泥沙之后，即可按原样头部向上、尾部向下套在撑皮架上。去掉残留在皮板上的脂肪、肉屑，摆正腹背，理顺皮筒，让其自然伸展，皮张下端用夹子或小绳固定好，不让其回缩卷边。然后挂到通风干燥处晾干，也可在不强烈的阳光下晒干。干透后即下撑皮架，沿腹部中线用利刀剖开。

撑皮架可用竹条制作，长 1.2～1.4 米，宽 10～12 厘米，中段熏制成"冂"形，用砂纸擦光。上顶端的圆弧圈直径为 10 厘米左右，下端自然撑开，使套上筒皮后，有一定的弹性将皮板撑开。如撑皮架基部过大，可用细绳控制，以免将皮撑破。

图 11-1 长毛兔的圆筒皮

（四）家庭兔皮硝制简易方法

在我国有少量兔皮可在家硝制，要求设备简单，方法简便，药品易购。现将适合农户加工生产的兔皮硝制方法介绍如下。

（1）剥皮 有些地方把兔皮剥成皮筒，里面塞些稻草、麦秸，背阴晾干。但这种方法不可取，因为稻草或麦秸上有许多霉菌，兔皮容易发霉、掉毛，影响皮的质量。因此，在秋冬季节剥下来的兔皮，最好修整后展开贴在墙上，或钉在木板上晾干，也可展平贴在水泥地上晾干，留在来春进行硝制。家庭硝制兔皮，一般要在清明前后，室温维持在20℃为宜。

(2) 干铲 兔皮晾干后，用比较钝的小锹、铁铲或刀等铲去皮上附着的油膜与残肉。兔的皮下血管伸入真皮层，且很牢固，因此，不能用手去撕，否则很容易撕破皮，影响质量。

(3) 回软 硝制前将铲过的皮浸入清水中1～2天，使兔皮又变成鲜皮状态。

(4) 潮铲 将兔皮铺平，一般铺在木板上，再用钝刀铲刮1次。

(5) 脱脂 兔皮硝制得好不好，脱脂是关键环节。我国传统的方法是用石碱（面碱）粉涂在潮湿的皮面上（没有毛的一面），尽量避免碱水接触兔毛，以免毛尖发脆。3～5分钟后用清水洗净，可视情况再重复1次。然后用洗衣粉适量，温水调和后，浸泡整张皮，连毛一起洗，几分钟后用清水洗净，可再视情况重复1次，以保证脱脂的质量。取出后晾至半干时再入硝。现在市场上新型洗涤剂很多，均可试用。

(6) 入酸 硝皮的主药是皮硝。皮硝俗称芒硝，学名叫硫酸钠。要注意切不可用硝酸钠。后者腐蚀性强，不但脱毛，连皮板都可能烂掉。一般中药房的芒硝杂质很多，溶解后须将沉淀物滤去。可从西药店中购买精制的芒硝。

一张兔皮硝制要用芒硝以调好的芒硝水能淹没皮张为度。所以在洗皮时要量一下多少水可以淹没。根据测量用的水量，将20%的皮硝、25%的糯米或大米粉加入水中，即1000毫升水要加芒硝200克、米粉250克和匀。一般来说，皮越多，芒硝相对要省一些。米粉切不可用面粉代替。面粉虽能发酵，但粘在毛上很牢，硝层后不易拍掉。盛皮的缸要有盖，或用塑料布扎口，以免长霉，皮入硝后，要每天翻动 1 次，使缸内温度均匀。

（7）硝皮时间　一般来说兔皮的硝制时间为 3 周左右，即可取出一点晒干，用手搓搓，如不发硬就好了，否则应延长时间。取出硝好的皮张晒干，当皮板半干时要将皮向四面拉撑 1 次，以免过度收缩。

（8）整理　兔皮晒干后，用利刀修去发硬的边缘，再用手搓皮至软熟，拍去米粉即为硝制好的皮张。拍净米粉是比较费事的。有关材料报道，在兔皮硝制好未晒之前，准备一些 20％的芒硝水，将米粉洗去，效果更佳。但切勿用清水洗，因为硝过的兔皮见水即硬，即所谓"走硝"。

（五）　兔皮的防腐和保管

1. 长毛兔鲜皮的防腐

刚从兔体剥取下来的生皮称鲜皮（血皮）。鲜皮含有大量水分、蛋白质、脂肪、无机盐、酶等，是各种微生物繁殖的良好培养基，如不及时防腐，极易腐败变质，失去利用价值。其防腐主要方法如下。

（1）干燥法　这是一种降低皮内水分、阻止细菌活动最简单的防腐方法。具体做法有 3 种形式。

① 钉板法，兔皮剥下后，用刀沿腹正中线割开筒皮（不能用剪刀剪，防止剪断被毛），修整掉不整齐的边角，刮去脂肪后就可上板；皮上板时，毛面向板，内面向外，用钉子钉住，先钉颈部再钉尾部，然后用手将皮向两侧伸展贴平再钉两侧的钉子，放在通风处晾干。

②"几"形架法，将剥下的筒皮，肉面向外，套在"几"形支撑架上，放在通风处阴干。

③平晾法，将筒皮沿腹正中线切开后，按自然皮形，皮毛朝下，皮板朝上，贴在草席或木板上，用手铺平，呈长方形，放在不受日晒处晾干，不要放在潮湿的地面上或草地上。

采用干燥法值得注意的是严防雨淋和被露水浸湿，以免影响皮内水分蒸发速度。若干得过慢，不能抑制细菌的有害作用，导致生皮变质。更不要放在烈日下直晒，因温度过高，干得过快，会使表层变硬，既影响内部水分蒸发，造成皮内干燥不均匀，也会使皮内层蛋白质发生胶化，脂肪熔化扩散到纤维间和肉面上，影响鞣制。

干燥法的优点是方法简单，成本低，皮板洁净，便于运输。其缺点是只适合干燥地区和干燥季节采用。若干燥不当，易使皮板受损，保管过程中易发生压裂或受昆虫侵害。

（2）盐腌法　应用较为广泛，比干燥法效果更可靠，不仅防腐力强，而且可避免兔皮黏结和断裂，运输、储藏都方便。分干盐腌法和盐水腌法。

①干盐腌法，采用干细盐面处理生皮。进行较大规模处理时，用盐量约是生皮重的 $1/5$，有的还按用盐量添加 $1\%\sim1.5\%$ 的对氯二苯和 $2\%\sim3\%$ 的萘。处理时将盐面或对氯二苯、萘的混合物撒在鲜皮肉面上，皮厚之处应多撒些，并尽量使皮展开。然后在该皮面上铺另 1 张生皮，做同样处理。堆成 1 米左右高的皮堆，经 1 周时间，兔皮内外盐液浓度即平衡。但夏季温度过高时不宜叠放，应改用干燥法处理。

②盐水腌法，将鲜皮肉面附着的肉、脂肪及结缔组织等

去掉，然后浸入含量不低于 25％ 的盐水中，盐水温度应保持在 15℃，经一昼夜取出，沥水 2 小时进行堆积，堆积时，再撒上相当于皮重 25％ 的干盐。

（3）盐干法　盐干法是将盐腌法和干燥法结合起来，使皮经盐腌后，逐渐干燥。此法适宜炎热地区。因为高温作用易使生皮迅速干燥而断裂，而逐渐使盐液变浓，则可保护生皮，防止折断，并抑制细菌活动。

2. 鲜皮保存

经防腐处理的兔皮，为了便于保存，要按等级、色泽、品种进行捆扎或装包，分别存放。而且应毛面对毛面、头对头、尾对尾，叠置平放。同时，每隔 2～3 张皮撒放少量萘粉（卫生球），以防虫蛀，然后堆放在库房中。库房要求干净，库中适宜的湿度为 50％～60％，适宜的温度为 10℃，最高不得超过 30℃，使原料皮的水分保持在 12％～20％，以防脆裂和腐烂。生皮堆放在木条上，堆皮的地方应先撒布上滴滴涕或萘粉，然后进行堆放，最上面的 1 张皮应毛面向外，并在上面撒上萘粉。在储藏过程中，每月检查 2～3 次。

3. 兔皮鞣制技术

鞣制兔皮的目的是改变皮板干后变硬的缺点，使之柔软且有韧性。皮板是由表皮、真皮和皮下疏松组织三部分构成的。真皮部分最发达，有许多纵横交错的胶原纤维，这些纤维韧性很强，可使皮板结实，但胶原纤维干涸后就变硬，使整个皮板也发硬，如果能改变纤维的特性，又不影响其强度，就达到了鞣制的目的。

（六） 兔皮品质的鉴别

主要看长毛兔皮的毛绒是否平顺，色泽是否光润，然后观察皮板质量。要求板质细韧，以油韧、厚薄适中为佳。再结合皮张的面积、伤残缺点等确定等级。

四、 兔肉食品加工与药膳

民谚云："飞禽莫如鸪，走兽莫如兔。"兔肉营养丰富，备受人们的喜爱，被认为是肥胖和心脑血管病患者的理想肉食。

（一） 常见兔肉食品加工

1. 红烧兔子

将兔子洗净剁块，锅内放入水煮沸，放入兔肉焯一下，备用，炒锅放少许油，放入糖炒到有大泡泡，放肉炒上色，然后将其放入砂锅，加入适量水，放入料酒、糖和酱油，煮 30 分钟，放入盐，味精调味即可。

2. 小炒香辣兔肉

冷冻兔腿，退冰备用，化冰后的兔腿剔骨切丁，放入一勺料酒腌制 15 分钟左右去腥，锅中倒入适量的炒菜油，放入花椒、八角、干辣椒小火煸出香味。转中大火，放入兔肉，快速翻炒至变色，烹入一勺料酒二次去腥，继续放入洋葱、尖椒，淋上生抽翻炒均匀，加入少许糖提鲜，用盐调味后即可出锅。

3. 清炖兔块

将兔肉洗净切成小块焯水备用。葱、姜切片，蟹味菇、白玉菇去根洗净。将准备好的兔块放入砂锅内，加入适量清水，放至旺火上烧沸，撇去浮沫，转用文火炖煮，加入葱段、姜片、精盐、绍酒，炖 60 分钟，放入蟹味菇、白玉菇炖 30 分钟，放入盐、味精调味即可。

4. 麻辣兔肉

将兔肉切块，加盐、酱油、淀粉抓匀；姜、蒜切片；红辣椒洗净，葱洗净切段，锅内放入适量油，小火放入花椒煸出麻味后，花椒捞出不要，下姜蒜片煸出香味，接着下兔肉炒熟，再放入红辣椒和葱炒几下，放入酱油、鸡精即可出锅。

5. 炖兔肉

将兔肉洗净切块，锅内放入水煮沸，放入兔肉焯一下，备用；葱洗净切段，锅内放入适量油，烧五成热，依次放入大料、姜、葱、蒜、甜面酱翻炒，放入兔肉翻炒，加入水，用旺火烧开，转小火炖 40 分钟，放盐、味精调味即可。

6. 辣子兔丁

将兔肉洗净切丁，辣椒洗净切段，锅中放入适量油，烧热后，放入八角和蒜炒香后，加入兔子丁、辣椒和花椒翻炒均匀，放入料酒、酱油、适量盐和糖翻炒，最后放入青蒜、味精，炒匀即可出锅。

7. 玫瑰板兔加工技术

玫瑰板兔采用低盐与复合性香辛料、调味料进行腌制，具有肉质紧密、富有弹性、鲜嫩味美、腊香醇厚的特点。玫瑰板兔加工方法如下。

（1）原料及配方　兔肉以 10 千克计算，精盐 200 克，白砂糖 50 克，白酱油 50 克，味精 10 克，鸡精 3 克，乙基麦芽酚 0.5 克，富马酸亚铁 0.3 克，多聚磷酸钠 5 克，焦磷酸钠 2 克，香料水 150 克。

（2）制作　首先将洗净的兔肉用配料充分搓擦拌和均匀，然后做腌制处理。具体方法如下。

① 将兔肉平板状叠放入缸，上架竹片重石压紧进行腌制。腌制温度 2～6℃，时间 3 天。

② 腌制兔坯出缸后，放在不锈钢台面上，撑开呈平板状，再用竹条固定形状，并修割筋膜、浮脂等污物。

③ 固定成形，兔坯悬挂在通风阴凉处，自然风干发酵 7～10 天，然后吊挂晾晒，在平均气温 10℃左右，晾晒 3～4 天，使兔体呈鲜亮的玫瑰色泽，控制水分含量在 34.5%～34.8%。

④ 为防止板兔的氧化和晾干的板兔失水，用防氧化剂和黏稠剂组成被膜材料，均质后成为被膜剂，将板兔浸渍在被膜剂中 30 秒，立即取出用风扇吹干成膜。

⑤ 板兔包装前，须将塑料袋、板兔用紫外线灭菌器进行表面灭菌，2 分钟后立即装袋，再用真空封口机封口。真空度要求 93.3 千帕，检查封口严密性。

（二）　以兔肉为主的药膳

兔肉不但肉质细嫩，营养丰富，而且吃法多样，有煮、炖、蒸、炒、烤等，还可加入相应的药物做成药膳，这样既有食物美味，又有药物功效。传统医学认为，兔肉性凉、味甘，具有补中益气、凉血解毒、止渴健脾、通利大便等功效。《本草纲目》记载："兔肉辛、平、无毒，补中益气，主治热气湿痹，止渴健脾。"《食物本草会纂》称，兔肉可补中益气，凉血解热毒，利大肠，消渴羸瘦。常食兔肉可以预防动脉硬化，高血压及心脏病。以兔肉为主的药膳药借食力，食助药威，二者

相辅相成，对多种疾病可起到治疗或辅助治疗作用。下面介绍
10 则兔肉药膳的制作方法，供读者选用。

1. 芹菜兔肉煲

原料：兔肉 100 克，芹菜 100 克，冬菇 30 克，黑木耳 30
克，姜、葱各少许。

制作：兔肉洗净切块，用湿生粉、酱油、糖、盐及油腌
制；芹菜去根、叶洗净，切段；冬菇剪去脚浸发；黑木耳浸
发，去杂质，再用清水漂洗，并用少许精盐、白糖、米酒、生
抽拌匀。起油锅，下姜、葱爆香，爆过兔肉，溅米酒、清水少
许，调味，与冬菇、木耳一起盛入瓦锅内，文火煮至兔肉烂
熟，加入刚炒熟的芹菜，调味后即可食用。

功效：此方具有清肝降压、健脾开胃之功效。适用于高血
压病属肝火亢盛型，症见头晕目眩、心悸失眠、口苦咽干、口
渴欲饮、小便短少；亦可用于病后体弱，脾气不足者，症见体
倦乏力、食欲减退、形体消瘦等。

2. 山楂枸杞兔肉汤

原料：兔肉 500 克，枸杞 15 克，山楂 30 克，山药 30 克，
红枣 4 个。

制作：枸杞、山楂、山药、红枣洗净；兔肉洗净切块，用
开水洗去血水；全部用料放入锅内，加清水适量，武火煮沸
后，文火煲 2～3 小时，调味后即可饮汤食肉。

功效：此方具有养阴补血，活血化瘀之功效。适用于冠心
病、动脉粥样硬化属阴阳两虚血瘀者。症见眩晕耳鸣、腰膝酸
软、睡眠欠佳、健忘失眠，或胸闷胸痛等。

3. 冬瓜苡仁兔肉汤

原料：兔肉 250 克，冬瓜 500 克，苡仁 30 克，生姜 10 克。

制作：冬瓜去瓤洗净，切成大块；兔肉洗净切块，开水洗去血水；全部用料放入锅内，加清水适量，武火煮沸后，文火煲 2 小时，调味后即可饮汤食用。

功效：此方具有利水、消暑、减肥之功效。适用于高脂血症、动脉硬化症及肥胖症，亦可用于暑湿水肿。症见身体倦怠、小便短少、口渴心烦、肢体水肿、脉细濡等。

4. 菊花荠菜兔肉汤

原料：兔肉 250 克，菊花 120 克，生姜 4 片，荠菜 200 克。

制作：荠菜去根、杂质，菊花洗净；兔肉洗净切块，开水洗去血水；兔肉与生姜一起放入锅内，加清水适量，文火煮约 1.5 小时至兔肉熟烂，然后加入荠菜、菊花，再煮半小时，去菊花、荠菜渣，调味后即可饮汤食肉。

功效：此方具有清肝凉血、平肝熄风之功效。适用于高血压病、高脂血症属肝阳上亢者，症见头痛、眩晕、目赤而胀、脑中热痛、心胸烦闷、躁动易怒、口苦咽干、睡眠欠佳等。

5. 首乌巴戟兔肉汤

原料：兔肉 500 克，制首乌 30 克，巴戟天 30 克，花生 30 克，生姜 4 片。

制作：制首乌、巴戟天、花生洗净；兔肉洗净切块，用开水洗去血水；全部用料一起放入锅内，加清水适量，武火煮沸后，文火煮 2～3 小时，调味后即可饮汤食肉。

功效：此方具有补益肝肾、强壮筋骨之功效。适用于高血压病、高脂血症、中风后遗症属肝肾不足者，症见腰膝痠软、下肢疼痛、头晕耳鸣、体倦神疲、须发早白等。

6. 黄芪川芎兔肉汤

原料：兔肉 250 克，黄芪 10 克，川芎 10 克，生姜 4 片。

制作：黄芪、川芎、生姜洗净；兔肉洗净、切块，开水洗去血水；全部用料一起放入锅内，加清水适量，武火煮沸后，文火煮 2 小时，调味即可饮汤食肉。

功效：此方具有补气、活血、通络、止痛之功效。适用于中风后遗症属气虚血瘀者，症见半身不遂、口眼歪斜、语言蹇涩、下肢痠软等。

7. 豆腐紫菜兔肉汤

原料：兔肉 60 克，嫩豆腐 4 块，紫菜 30 克，葱花少许。

制作：兔肉洗净，切薄片，加盐、黄酒、芡粉拌匀；紫菜洗净撕成小片；豆腐切厚片；锅内加适量清水，先下豆腐，武火煮沸后，再下兔肉煮 5 分钟，然后下紫菜、葱花，稍煮，调味后即可食用。

功效：此方具有补中益气、化痰利水之功效。适用于高血压病、肥胖症、动脉粥样硬化属脾虚者，症见形体肥胖、体倦痰多、眩晕、心悸失眠等。

8. 天麻炖兔肉

原料：兔肉 120 克，制天麻 15 克，菊花 30 克，生姜 3 片。

制作：制天麻洗净；菊花除去杂质，洗净；兔肉洗净切块，开水洗去血水；全部用料一起放入炖锅内，加开水适量，文火炖煮 2 小时，调味后即可饮汤食肉。

功效：此方具有清肝、熄风、止痛之功效。适用于高血压病属肝阳上亢者，亦可用于神经性头痛，症见头晕目眩、心烦易怒、夜睡不安、面红口苦、舌红苔黄。

9. 当归首乌兔肉汤

原料：兔肉 150 克，当归 10 克，首乌 25 克。

制作：当归、首乌洗净；兔肉洗净切片；全部用料一起放入锅内，加清水适量，武火煮沸后，文火煮 2～3 小时，调味后即可食用。

功效：此方具有补养肝血、明目止眩晕之功效。适用于神经衰弱属肝血不足者，亦可用于妇女月经不调属肝血不足者，症见头晕目眩、面色萎黄、容易疲劳，或胸胁不舒，或虚烦不寐。

10. 香菇蒸兔肉

原料：兔肉 500 克，香菇 60 克，生姜少许。

制作：香菇剪去蒂，清水浸软，切条；生姜刮皮，洗净切丝；兔肉洗净切小块，兔肉、香菇放入碟中，用姜丝、精盐、米酒、生抽、白糖、味精、荧粉拌匀，放入蒸锅中，武火蒸至熟透，淋少许麻油即可食用。

功效：此方具有补益脾胃、清热除烦之功效。适用于高血压病、动脉粥样硬化症、高脂血症等。

参考文献

［1］徐立德，蔡流灵．养兔法［M］．北京：中国农业出版社，1981．

［2］李福昌．长毛兔高效养殖新技术［M］．济南：山东科学技术出版社，2006．

［3］王彩虹．实用养兔技术［M］．北京：金盾出版社，2007．

［4］李顺才，熊家军．高效养兔［M］．北京：机械工业出版社，2015．

［5］李典友，高本刚．养殖业产品加工技术问答［M］．北京：化学工业出版社，2015．

［6］高本刚，凌明亮．畜禽阉割技术手册［M］．北京：中国农业出版社，2002．

［7］李典友，高本刚．生物标本采集与制作［M］．北京：化学工业出版社，2016．